河南农业大学高层次人才专项支持基金（30500968）
河南省软科学研究计划项目（232400410106）
教育部人文社会科学研究青年项目（20YJCZH118）
河南省教育厅人文社会科学研究项目（2022 - ZZJH - 279）

农户行为视角下黑河流域可持续水资源管理研究

李贵芳　著

中国农业出版社
农村读物出版社
北　京

图书在版编目（CIP）数据

农户行为视角下黑河流域可持续水资源管理研究 / 李贵芳著. —北京：中国农业出版社，2023.2
ISBN 978-7-109-30446-8

Ⅰ.①农… Ⅱ.①李… Ⅲ.①黑河—流域—水资源管理—研究 Ⅳ.①TV213.4

中国国家版本馆 CIP 数据核字（2023）第 032514 号

中国农业出版社出版
地址：北京市朝阳区麦子店街 18 号楼
邮编：100125
责任编辑：潘洪洋
责任校对：吴丽婷
印刷：北京中兴印刷有限公司
版次：2023 年 2 月第 1 版
印次：2023 年 2 月北京第 1 次印刷
发行：新华书店北京发行所
开本：720mm×960mm 1/16
印张：12.5
字数：210 千字
定价：58.00 元

FOREWORD 前言

黑河流域是我国西北地区第二大内陆河流域，可持续流域管理面临着水资源匮乏和生态环境脆弱等障碍。近年来，随着黑河流域人口的不断增加和经济的迅速发展，中游绿洲农业用水持续增加，农业部门用水和生态部门用水的矛盾不断升级。2002年，黑河中游张掖市积极开展节水型社会建设，通过建立并完善水权制度、调整灌区作物种植结构、构建水权交易市场等措施，在很大程度上提升了水资源利用效率。但是农户没有自发转移用水的动力，而是为了追求利益最大化将节省的农业用水再次用于扩张耕地规模，导致张掖市2018年的农作物总播种面积比2000年增长了近80%，农业用水历年平均占比高达94%，进一步加剧了绿洲边缘区土地盐碱化和沙漠化、风沙天气、地下水位下降、生态湿地退化等生态问题，这表明以往水资源管理政策的实施效果有待提升。

为了促进黑河流域经济—社会—环境—资源的协调可持续发展，必须采取可持续流域管理，引导和约束农户用水行为，提高水资源特别是农业用水的利用效率，构建部门间转移用水的生态补偿机制，转变用水结构，平衡流域经济社会发展和生态建设。本书基于技术效率理论、成本效益分析理论、环境正义理论、演化博弈理论、可持续生计理论以及生态补偿机制理论等，从农户用水行为的角度出发，以黑河流域中游张掖市典型灌区农户为研究对象，基于2014年和2019年的农户调研数据和相关统计数据，分三个主要部分进行研究。首先，通过构建DEA-Tobit模型对典型灌区主要农作物灌溉技术效率进行测度并揭示其影响因素；

其次，基于作物灌溉技术效率测度结果和节水反弹的现实问题，构建Bio-economic（BEM）-DEA模型模拟水资源转移政策的农户行为响应；最后，为了在不影响经济社会发展的情况下实现节省的农业用水转移为本地生态用水，采用两阶段二分式CVM模型评估了绿洲边缘区将节省的农业用水转移给当地生态部门的农户受偿意愿，以期为部门间水资源转移生态补偿机制的构建和水权交易定价提供科学参考。

主要研究结论：①从农户生产行为来看，黑河流域典型灌区主要农作物灌溉技术效率存在提升空间。其中，黑河中游平原灌区制种玉米和大田玉米的灌溉技术效率平均值分别是0.655 3、0.618 5，北部荒漠灌区棉花、制种西瓜、玉米套小麦的平均值分别是0.515 8、0.651 8、0.770 1，沿山灌区小麦、马铃薯、大麦和大田玉米的平均值分别是0.855 2、0.692 5、0.745 0、0.640 4，说明农业用水存在节水空间。降低农地细碎化程度、合理安排作物种植面积、改善耕地质量、采用井水灌溉、根据作物生长需求进行灌溉和施肥等措施是提升农业用水效率、实现可持续流域管理的重要途径。②在作物灌溉技术效率提升的过程中，对节省的农业用水进行统一管理，同时加强水土资源管理的政策是遏制农户开垦耕地、规避节水反弹的有效途径，但会降低或者至少不会增加农户收益，需要辅以合适的补偿政策。如采取其他部门以作物单方水效益为交易水价补偿农户或增加农户非农业收入等方式弥补农户的经济损失。③将节省的农业用水转移给生态部门是改善黑河中游绿洲边缘区生态环境的必然选择，但会降低农户收益，生态补偿政策可以将农户生态保护的正外部性内部化为农户的经济收益，是转换用水结构、平衡经济社会发展和生态环境建设的政策保障。从农户受偿意愿来看，将制种玉米、大田玉米和制种西瓜节省的灌溉用水转移给当地生态部门的农户受偿意愿分别是146.25元/（亩·年）、65.18元/（亩·年）和320.07元/（亩·年）。如果以10年为期，根据统计年鉴数据得到转移农业用水的生态补偿总成本是4.69亿元。就影响农户受偿意愿的变量而言：受教育水平、耕地质量、灌溉水费、家庭农业劳动力占比等呈正向影响；家庭农业收入占比与农户感知的土地盐碱化和沙漠化、风沙天气和生态湿地退化对其生产和生活的影响程度等呈负向影响。就补偿方式的选择而言，大多数农户倾向于选择现金、农业补贴和实物补贴，是否选择其他补偿方式视情况而定。

综上，本书以微观农户行为为抓手对黑河流域可持续流域管理面临的问题进行了科学系统的研究。结果表明，通过调整典型灌区主要农作物种植规模、改变灌溉方式、提高农户生产管理水平等措施减少农业用水，并依据农户受偿意愿将节省的农业用水转移给本地生态部门是限制农户开垦行为、遏制绿洲扩张、规避节水反弹、保护生态环境的有效途径。可见，农户行为不仅为可持续流域管理的系统性研究提供了视角，还为改进和完善可持续流域管理政策、促进水资源优化配置、实现流域可持续发展提供了途径，基于农户行为视角的研究具有理论和现实意义。

CONTENTS 目录

1 导　论

1.1 问题的提出、研究目标及意义

1.1.1 问题的提出

西北内陆河流域面积为278.2万平方千米，占国土面积的29%，但水资源总量仅为全国的5.84%（景喆，李新文，陈强强，2006）。水资源严重短缺、生态环境极为脆弱、干旱少雨是流域的生态特征，绿洲农业与生态环境相互依存是流域的经济社会发展特征，可持续流域管理是平衡流域经济社会发展和生态安全的关键。近年来，随着人口的增加、绿洲的扩张和经济社会的快速发展，用水需求不断增加，水资源供需矛盾不断升级。绿洲农业作为流域经济发展的支柱产业，其用水占比最大，农户作为农业用水的直接使用者和政策的执行者，其追求利益最大化的耕地扩张行为是导致用水结构不合理，激化部门间用水矛盾，造成土地沙漠化、地下水位下降、生态湿地退化、绿洲沙漠过渡带面积萎缩等生态问题的主要原因。可持续流域管理是以水资源管理为主体，在流域空间内将经济、社会、环境、资源等要素有机结合起来，对人类各种经济社会活动进行综合管理，在不破坏生态环境的基础上，满足流域从现在到未来的社会福利需求（童昌华，马秋燕，魏昌华，2003；沈大军，2009）。目前相关研究大多从宏观层面自上而下地对流域管理进行分析（潘护林等，2012），较少从微观农户的视角自下而上地对可持续流域管理面临的现实问题进行研究。就西北内陆河可持续流域管理面临的问题而言，有必要从微观农户行为的视角出发，以提升农业用水效率为前提，以构建部门间生态补偿机制为保障，促进水资源在农业部门和生态部门之间的优化配置，以应对水危机和实现流域经济—社会—环境—资源的协调可持续发展。

黑河流域是我国西北地区第二大内陆河流域，也是我国重要的商品粮基

地。由于流域水资源供需不平衡，上中下游水事矛盾突出，20 世纪 90 年代先后出台了“92 分水方案”和“97 分水方案”。进入 21 世纪，根据国务院有关精神和水利部的部署，黄河水利委员会组建了黑河流域管理机构。2002 年，中游张掖市全国第一个启动节水型社会建设，尝试通过水权改革、调整作物种植结构、发展高效灌溉技术、建立水权交易市场等措施来提升水资源的利用效率，缓解水资源供需矛盾。经过十几年的努力，水资源利用效率得到很大程度的提升。特别是 2012 年以来，黑河中游地区在最严格水资源管理制度下用水总量虽然持续被压缩，但绿洲边缘区的耕地面积仍在持续扩张（刘纪远等，2014），农业用水历年平均占比高达 94%，并且存在农田灌溉水利用系数有待提升、浪费严重等问题，严重挤占了非农业部门用水，导致不同部门之间的用水矛盾不断升级（石敏俊，王磊，王晓君，2011）。《2018 年世界水资源开发报告》指出，未来发展中国家和新兴经济体的部门间用水矛盾将更加突出，采用高效灌溉技术压缩农业用水，是缓解该矛盾的有效途径之一。可见，提高农业用水效率、压缩农业用水将成为黑河流域可持续水资源管理的必然选择（Li，Wang，Shi，2015；Wang，Yang，Shi，2015）。

然而，资源利用研究领域普遍认为效率的提高无法带来完全的资源节约，这一现象最先被研究能源的学者关注，并提出“杰文斯悖论”（Jevons，1866）或“Khazzoom－Brookes 假说”（Khazzoom，1980；Brookes，2000）。参考能源反弹，相关学者用灌溉效率提高后产出增加导致的新增用水量与灌溉技术升级后的预期节水量之比描述灌溉用水反弹效应（宋健峰，王玉宝，吴普特，2017）。联合国粮食及农业组织以西班牙、以色列、美国和中国等 13 个国家/地区为例，验证了现代灌溉技术节约的农业用水不会释放到环境中或用于其他用途，而是重新回流到农业部门，出现节水反弹现象（FAO，2011）。

相关统计资料显示，2000—2018 年，黑河中游张掖市农作物总播种面积由 275.43 万亩增加至 492.5 万亩，增长了近 80%，伴随着绿洲面积的不断扩张，农业用水出现不降反增的反弹效应（Zhou，Wang，Shi，2017；Wu，Zhang，Gao，2018）。相关学者认为农户的理性选择是导致该现象的主要原因（Dumont，Mayor，López－Gunn，2013；Scott，Vicuña，Blancogutiérrez，2014），如在灌溉技术提升的情况下，为了获取最大利益，农户会通过扩张耕地面积、调整种植结构、增加亩均灌溉定额等途径（Scheierling，Young，Cardon，2006；朱会义，李义，2011；García，Díaz，Poyato，2014；Loch，

Adamson，2015）将节约的灌溉用水全部用于农业生产。绿洲扩张不仅导致节省的灌溉用水重新用于农业生产，还使绿洲沙漠过渡地带的面积不断萎缩，这不仅会加速绿洲边缘地区生态环境的恶化，还会威胁整个流域的生态安全。可见，农户行为不仅减弱了水资源管理政策的成效，还破坏了生态环境。

根据不同部门的用水效率调整水权、限制灌溉面积扩大、限制高耗水作物种植等是解决灌溉用水反弹的有效途径，为探讨治理节水反弹问题、促进农业水资源可持续利用提供了参考。但是，相关研究较少从农户经济行为的角度出发，探讨水资源管理政策会对农户经济行为产生怎样的影响。在绿洲地区，农户不仅是水资源的直接使用者和支配者，还是政策的落实者和执行者，农户经济行为与水资源管理政策是相互联系、相互作用的。有必要探讨农户对水资源转移政策的行为响应，以促进水资源优化配置，实现流域可持续发展。

目前，黑河流域上中下游之间的横向生态补偿政策已出台，但部门间转移用水的生态补偿机制仍在探索中，特别是绿洲沙漠过渡地区的农业与生态用水矛盾，还没有得到足够的重视。2017 年底，张掖市政府公开了《关于张掖市健全生态保护补偿机制的实施意见》，明确指出要“对黑河中游地区因调水造成的生态用水不足、农业结构性调整、发展高效节水设施予以补偿”。《黑河流域管理条例》（2018）也将生态补偿制度的构建作为黑河流域管理的终极目标（张婕等，2019）。2020 年，甘肃省在祁连山地区沿黑河、石羊河流域的甘州区、临泽县、高台县等 7 县（区）开展为期 3 年（2020—2022 年）的横向生态保护补偿试点工作。这说明黑河流域生态补偿机制的构建已经得到政府的支持。相关学者也指出需要给予中游地区补偿，但是大多停留在定性分析阶段（金蓉，石培基，王雪平，2005；崔琰，2010；Lu，Wei，Xiao，2015；李开月，2017；Zhang，Wang，Fu，2018）。虽然也有学者利用陈述偏好法测算了黑河流域居民对恢复水资源生态系统服务价值的支付意愿（张志强等，2004；吴枚烜，2017；徐涛，赵敏娟，乔丹，2018；Khan，Zhao，2019），但其研究重点是评估水资源的生态系统服务价值。相关研究指出，黑河中游典型灌区主要农作物存在节水潜力（李贵芳，周丁扬，石敏俊，2019），将节省的灌溉用水转移给生态部门是遏制绿洲扩张和改善生态环境的有效途径之一（Li，Zhou，Shi，2019）。较少有学者从农户转移用水的机会成本的角度来研究将绿洲边缘区农业用水转移给生态部门的生态补偿标准。可见，无论是现实政策方面还是理论研究方面，目前都还没有形成系统的将农业灌溉用水转移给当地生态部门的生态补偿体系，也没有明确的生态补偿标准。

1.1.2 研究目标及意义

1.1.2.1 研究目标

本书基于可持续流域管理的内涵，以黑河流域为研究对象，基于微观农户行为的视角，研究如何提升流域水资源利用效率并尝试建立部门间生态补偿机制，将节省下来的灌溉用水转移给当地生态建设，将可持续流域管理的内涵和原则应用到水资源管理的实践中，完善黑河流域的水资源管理政策，缓解部门间用水矛盾，促进流域水资源—经济—社会—环境的可持续发展。农户作为灌溉用水的最终使用者，其用水方式和经济行为不仅直接决定着作物灌溉技术效率的高低和水资源的优化配置，还影响着整个流域水资源的可持续利用。因此，本书从农户行为的视角出发，对黑河流域农业节水潜力、水资源转移政策的农户行为响应和转移农业用水生态补偿机制的建立进行了探讨，层层递进，不断深入。具体分三个相互联系、层层递进的步骤去实现最终研究目标：首先，对典型灌区主要农作物灌溉技术效率进行测度并分析其影响因素，以判定黑河流域农业用水是否存在节省空间以及如何提升用水效率；其次，基于作物灌溉技术效率研究结果和节水反弹的现实问题，模拟农户对规避节水反弹的水资源转移政策的行为响应情况，以确定什么样的管理政策能够避免节水反弹并分析这样的政策会给农户行为带来怎样的影响，为完善水资源管理政策并提高政策实施成效、促进农业用水可持续利用、最终构建生态补偿政策奠定基础；最后，从机会成本的角度出发，推定农户将节省的灌溉用水转移为本地生态用水的受偿意愿，为建立生态补偿制度提供科学参考，以促进流域可持续发展。

1.1.2.2 研究意义

（1）为提升水资源利用效率提供途径，为可持续流域管理提供重要抓手

《黑河流域管理条例》指出，水资源是黑河流域管理的关键要素、是开展流域管理工作的根本抓手。绿洲农业作为黑河流域经济社会发展的支柱产业，近年来种植规模不断扩大，导致用水占比较高，再加上农户相对粗放的生产方式使得农业用水存在浪费现象。2012 年国务院发布了《关于实行最严格水资源管理制度的意见》，明确了水资源开发利用的“三条红线”，对可持续流域管理提出了更高的要求。在用水总量不断减少、用水效率不断提升的目标下，寻求提高农业用水效率的途径、压缩农业用水是黑河流域开展可持续流域管理的关键。本书基于农户经济行为从技术层面探索如何高效利用农业用水，具有重要意义，可以为水资源利用效率的提升提供具体途径，为可持续流域管理提供重要抓手。

（2）为改进和完善黑河流域可持续流域管理政策提供科学参考

水资源优化配置是黑河流域进行可持续流域管理的难点。节水技术和政策能够提升农业用水效率，但不能转变用水结构。黑河流域农业用水节水反弹现象显示，农户会将节省的农业用水继续用于扩大农业生产，削弱节水政策的成效。改进并完善可持续流域管理政策及制度安排是规避节水反弹负面影响、促进流域可持续发展的有效途径。本书从农户行为响应的视角探究水资源转移政策的实施成效和影响，进而为可持续流域管理政策的制定、改进、完善提供科学参考，以实现流域水资源可持续管理。

（3）为构建黑河流域转移农业用水生态补偿机制提供补偿标准参考，促进流域生态补偿政策的实施

黑河流域特别是绿洲边缘区生态环境极度脆弱。以提高农业用水利用效率为主要抓手，以促进农业用水向生态用水转移为核心，对农户经济行为进行管理和约束是黑河流域强化生态环境保护、落实生态文明建设、实施可持续流域管理的应有之义和终极目标。构建转移农业用水的生态补偿机制能够把农户转移用水带来的外部收益内部化为农户经济收入，它能够协调“受益主体”和“提供客体”的利益，解决市场失灵问题，促进流域经济社会和生态建设协调发展。目前，黑河流域还没有形成比较完善的转移农业用水的补偿机制，本书尝试通过评估农户受偿意愿，为黑河流域中游绿洲边缘区制定转移农业用水补偿机制提供补偿标准参考，为水资源在农业部门和生态部门之间进行再配置提供政策保障，实现流域经济—社会—环境—资源的可持续发展。

1.2 相关概念界定

（1）可持续水资源管理

现代化可持续的水资源管理模式——集成水资源管理（Integrated Water

Resources Management，IWRM）是在可持续发展理念指导下产生的新型可持续水资源管理理念。全球水伙伴（Global Water Partnership，GWP）将集成水资源管理定义为：在不损害关键生态系统可持续的前提下，以公平的方式促进水、土等相关资源的协调开发与管理，并使社会、经济财富最大化的过程。IWRM理念提出后，为促进其实施，1992年都柏林“水与环境国际会议”提出了IWRM实施的基本原则：①淡水是一种有限而脆弱的资源，对于维持生命、发展和环境必不可少，因而需要对水资源进行全面系统的管理；②水的开发与管理应建立在共同参与的基础上，包括各级用水户、规划者和政策制定者；③水在其各种竞争性用途中均具有经济价值，因此应被看成是一种经济商品，这要求在明确水资源的产权关系的基础上，运用适当的经济手段促进人们保护、节约、高效利用水资源。

基于对IWRM的都柏林原则的认识，全球水伙伴进一步指出，在寻求水资源集成管理时有必要遵循如下考虑了社会、经济、自然因素的重要原则：①环境和生态的可持续性。当前应以不削弱生命支持系统，从而不危及子孙后代使用同一资源的方式使用该资源。这要求水资源管理中要保证生态环境用水需求，维持生态环境及水资源环境的可持续性。②社会公平性。必须使全体人民认识到所有人都有获得生存所需的足量高质水的基本权利。这要求水资源管理应促进社会公平，即保证社会各群体用水公平、用水安全，以及促进水资源管理的民主性。③由于水资源和财务资源越来越稀缺，水作为一种资源在本质上是有限和脆弱的，而且需求又不断增长，因此必须最大限度地高效用水。这要求水资源管理在经济上要促进水资源的高效利用，即通过水资源需求管理，提高水资源的使用效率和效益，使人类社会、经济福利最大化。

（2）灌溉技术效率

水资源是农业生产必不可少的生产要素，对其利用效率的研究得到了广泛关注。但是学界对灌溉技术效率的内涵目前尚未形成统一的认识。早期的研究简单地将农业生产效率等同于灌溉技术效率，没有重点关注水资源。农业技术效率是基于各类投入要素均可进行自由处置的基础测度的，而灌溉技术效率是在除水资源之外其他投入要素和产出不变的基础上测度的，更符合实际生产情况。

此外，目前，不同学者研究不同地区灌溉技术效率时，大多选取土地、劳动力、资金以及农户水资源利用量等作为投入指标，而产出指标更多地选择农作物收入进行测算，得到的结果多是说明灌溉技术效率不高，存在较大节水空间。但是简单地以农户为决策单元、以农作物收入为产出指标，并没有考虑到不同种植结构和市场价格对效率测算结果的影响。

鉴于此，本书将作物灌溉技术效率界定为：在控制不同区域自然因素（如灌区气候、海拔、降水等）、农业耕种方式（如作物灌溉方式）、作物种植结构的差异并剔除农产品市场价格波动等因素影响的前提下，以不同作物产量为产出指标衡量的单位作物灌溉用水可以实现的最大作物产出的能力。该指标可客观反映灌溉技术效率水平（Farrell，1957）。

（3）水资源转移政策

相关研究积极探索了治理节水反弹的途径，指出根据用水效率调整不同部门的水权、限制灌溉面积和高耗水作物的种植面积等措施是缓解灌溉用水反弹的有效途径（Ward，Pulido－Velazquez，2008；Scott，Vicuña，Blancogutiérrez，2014；Berbel，Gutiérrez－Martín，Rodríguez－Díaz，2015；Perry，Steduto，Karajeh，2017），并指出节水补贴政策会加剧灌溉用水回流，农户不会自觉将补贴用于节水（Ward，2008；Dagnino，2012）。相关研究的重点是如何通过节水反弹政策调控农户行为达到保护资源环境的目的，较少关注水资源管理政策对农户经济收入的影响。

本研究强调的水资源转移政策，即以规避灌溉用水反弹、提高水资源利用效率和促进地区经济—社会—环境—资源协调发展为目标，在不损害农户利益的前提下实施的转移节省的农业用水、限制未利用土地开垦措施及相关补偿措施的统称。它通过调整水资源和土地资源的数量以改变农户的生产决策，进而实现管理目标。

（4）生态补偿机制

生态补偿是一种使外部成本内部化的应对市场失灵的环境经济手段，其通过对损害资源环境的行为进行收费、对保护资源环境的行为进行补偿，即提高损害者的成本或弥补保护者的损失，从而平衡受益主体和保护客体的利益，达到保护资源的目的。相关研究详细论述了中国的生态补偿（Eco－compensation）和国外的生态补偿（Ecological Compensation）以及生态服务支付（Payment for Ecosystem Service，PES）之间的联系与区别。中国的生态补偿包括激励型生态补偿和惩罚型生态补偿两个方面。其中，激励型生态补偿是指个人或企业行为对生态环境起到保护作用而使他人受益，受益人或者政府为此付费；惩罚型生态补偿是指个体或企业行为对生态环境造成破坏，需要为之付出代价，破坏者或者政府承担这部分惩罚。国外的生态补偿仅指中国的惩罚型生态补偿；而 PES 和中国的激励型生态补偿内容是一样的。

本书研究的生态补偿政策是激励黑河中游绿洲边缘区种植主要作物的农户将节省的灌溉用水转移给当地生态部门，农户转移用水的行为对生态环境具有保护作用，但自身利益会受到损害，为了促进流域经济—社会—环境—资源的协调发展，应该对农户进行一定的生态补偿。因此本书的生态补偿是对农户因保护生态环境而损失的农业发展机会进行补偿，是激励型生态补偿。

1.3 相关理论介绍

1.3.1 技术效率理论

(1) 技术效率

20 世纪 50 年代，Koopmans 和 Charles（1951）将技术有效定义为：在不增加其他投入（或减少其他产出）的情况下，技术上不可能减少任何投入（或增加任何产出），则该投入产出向量为技术有效，此时的所有投入产出向量合集为生产前沿面。1957 年，英国经济学家 Farrell（1957）首次提出技术效率一词，将综合技术效率分为纯技术效率和配置效率，从投入角度提出此概念，即在产出规模和市场水平不变的条件下，按照既定的要素投入比例所能达到的最小生产成本占实际生产成本的百分比。在此基础上，Leibenstein（1966）又从产出角度定义了技术效率，即在投入规模、市场价格水平及投入要素比例不变的条件下，实际产出水平与所能达到的最大产出的百分比。由以上定义可知，技术效率是用来衡量在现有的技术水平下，生产者获得最大产出（或投入最小成本）的能力的，表示生产者的实际生产活动接近前沿面的程度，即反映了现有技术的发挥程度。由于实际值可以直接观测到，因此度量技术效率的关键是前沿面的确定，所以生产前沿面理论的产生与发展在技术效率理论中尤为重要。

（2）测算方法

综合技术效率包括纯技术效率和配置效率两个部分。从理论上对技术效率的测度进行说明，生产函数表明生产过程中的技术水平，描述的是投入要素和产出之间数量的关系。从投入和产出角度分别进行分析得知：如果投入不变，在适度经济规模以及生产技术和经营管理水平一定的条件下，产出实现最大化，或如果产出不变，在其他条件充分发挥水平的条件下，投入实现最小化，那么，生产函数即是最佳投入与产出的关系。而对于纯技术效率和配置效率或说是综合技术效率也可以从投入角度和产出角度进行分析。投入角度分析如图 1－1 所示。假定生产单元有两个投入要素（X_1，X_2）、一个产出（Y），SS'是等产量曲线，AA'是等成本曲线，P 代表非经济有效单元，Q 为技术有效单元，Q'为经济有效单元，则以 P 点表示的生产单元的技术非效率用 QP/OP 表示，代表该单元达到技术有效产出可减少的投入要素比率。纯技术效率可表示为：

$$TE_0 = OQ/OP = 1 - QP/OP \tag{1-1}$$

RQ 代表投入点从技术有效但配置无效的点 Q 移动到技术和配置均有效的 Q'时所能减少的成本，故 P 的配置效率可以表示为：

$$AE_0 = OR/OQ \tag{1-2}$$

投入导向的综合技术效率可表示为：

$$EE_0 = OR/OP = (OQ/OP) \times (OR/OQ) \tag{1-3}$$

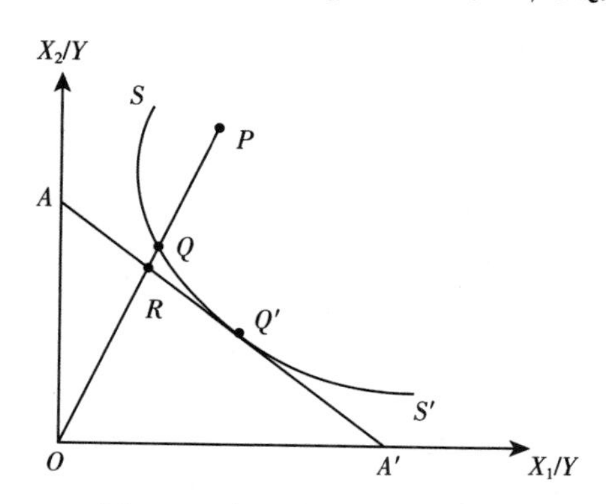

图 1－1 投入角度的技术效率

同样，可以从产出角度来分析技术效率，即一个生产单元在投入一定的情况下，可以增加多少产出，如图 1－2 所示。假设生产单元有一个投入要素 X、两个产出（Y_1，Y_2），ZZ'为产出前沿面，A 为非有效生产单元，则可得：

纯技术效率：　$TE_0 = OA/OB = 1 - AB/OB$　（1－4）

配置效率：　$AE_0 = OB/OC$　（1－5）

综合技术效率：　$EE_0 = OA/OC = (OA/OB) \times (OB/OC)$　（1－6）

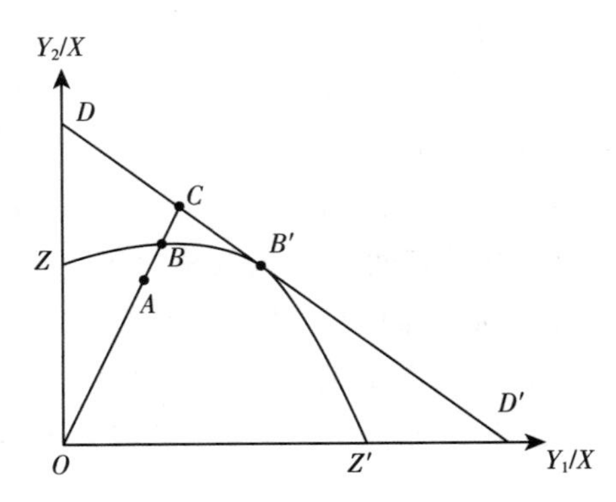

图 1－2　产出角度的技术效率

参数方法和非参数方法是技术效率的两大测算方法，在目前的文献研究中，参数方法主要是以随机前沿分析法（SFA）为代表的方法，而非参数方法主要是以数据包络分析法（DEA）为代表的研究方法。参数方法主要包括确定性前沿法、随机前沿法和修正最小二乘法，本书中没有涉及，故对参数方法在此不做描述。

非参数方法主要是数据包络分析法（Data Envelopment Analysis，DEA），数据包络分析是涉及运筹学、数理经济学以及管理学的多学科交叉的一种方法，该方法主要采用数学规划模型评价多输入多输出的决策单元（Decision Making Units，DMU）的相对有效性，是估计生产前沿面的一种有效方法。DEA 最主要的特点是无须考虑投入产出之间的函数关系，而且不需要考虑各个估计参数以及权重假设的具体值，从而避免了主观因素的影响，通过产出与投入之间加权和之比，计算决策单元的投入产出效率。正因为这种独特的优势，DEA 才能在过去的 20 多年里取得长足的发展，并得到了大量的理论和实践应用，已经成为管理科学与系统工程领域中一种重要而有效的数学分析工具。1978 年 Charnes、Cooper 和 Rhodes 提出第一个 CCR 效率评价模型，此后 DEA 模型理论得到众多学者的关注和青睐。1984 年 Banker 等提出 BCC 模型，1985 年 Charnes 等提出加性模型，1985 年 Färe 等提出 FG 模型，1990 年

Seiford 和 Thrall 提出 ST 模型，1993 年 Andersen 和 Petersen 提出超效率模型，1997 年 Wang 等提出松弛模型。

1.3.2　成本效益分析理论

（1）理论内涵及在生态环境研究中的应用

生态环境作为一种公共物品具有非竞争性和非排他性，在管理上具有一定的难度。成本效益分析法（Cost－Benefit Analysis，CBA）作为政策工具之一越来越受到重视，尤其在欧美发达国家被政策制定者广泛应用。当然，成本效益分析结果不能单独成为政策制定的依据，但是它能够通过对不同方面的影响和现象单一价值化（也就是货币量化）来整合相关信息（Kastinget，1996），帮助政策制定者在诸如环境保护与经济发展这样的两难抉择情境下进行权衡和决策。

成本效益分析就是一种以货币计量为基础的评估和分析方法。它可以通过税收、补贴、配额以及关税等，纠正市场失灵、经济租金（经济利益）、消费者剩余以及不管是有形的还是无形的外部性。对于无形的事物就实体（物理）角度来说很难定量分析，但是这并不意味着不能以货币计量为基础来进行分析。许多私人物品也具有多重性质，其特征也很难从实体角度来衡量，但是仍然能够通过市场进行定价。成本效益分析是进行生态系统服务评价的重要基础。

在 20 世纪 50 年代，CBA 在环境方面的应用是以环境因素的社会机会成本为出发点来衡量环境的外部性，因此，那时的评估不可避免地是以产品的形态来评估这些环境物品。早期的方法受到当时理论发展和科技水平的制约，如缺乏计算机电子技术和相应的环境外部性的资料，因此很难出现享乐定价法和选择实验法这样的方法。现在，那些无法通过市场进行交易的环境物品和功能也可以通过其对个人效用而不是社会的机会成本的影响来衡量价值。

总之，成本效益分析对于生态系统价值决策制定来说是最普通的分析方法，其目的就是比较政策、程序以及恢复生态环境的行动等形成的成本和收益，或者衡量政策、行动形成的社会净收益或成本，进而判断社会整体福利是否得到增进。

(2) 应用步骤

第一步：辨明要分析评价的政策和行动，收集相关的信息，如评估对象的位置、作用时间长短、受众人群等。

第二步：阐述和定量将会产生成本和收益的某项政策的影响，收集相关信息，如提供某项生态功能的成本数据、预期影响如何、影响受众人群的程度如何。

第三步：估计社会成本和收益。成本一般都是直接的，以保护水资源为例，建造水库的成本就是直接的。收益来自水质量的改善以及增多的娱乐机会，如水质量改善后，游泳、钓鱼等水活动可能会给人们带来更多的享乐机会。收益还包括生态系统的非使用价值的改善。这些收益可以通过相关方法进行定量分析。同时，研究人员必须挑出最为适合的收益估计方法。首先，针对娱乐价值和非使用价值，选择可供评价重要收益类型的评估方法。其次，要考虑使用方法的成本问题，在成本和准确性之间进行考量，比如考虑相关方法的时间和货币成本以及决策的重要程度和预期的经济收益。虽然更复杂和更昂贵的方法能更为全面和准确地衡量生态系统服务收益，但是以预期收益水平和评估对象的重要性不至于付出这样大的成本，包括金钱和时间成本。对于那些不需要非常准确或者非常全面地作出成本和收益决策的项目来说，成本较低的评价方法可能更为实用。但是随着评估要求的提升，方法的选择就更为重要，需要投入更多的时间和金钱成本。

第四步：比较项目的成本和收益。由于生态环境领域的研究对象成本和收益会发生很多年，因此，必须计算现值。

1.3.3 环境正义理论

环境正义（Environmental Justice），亦称环境公正、环境公平。在不同范围和场合的学术讨论中，正义和公正、公平一般也被当作同义词使用，本书认为就核心内容而言，它们所表达的思想实质上是同一的。

著名伦理学家罗尔斯（1988）指出，所谓正义，就是在有利者群体和不利者群体之间达到最高的“平等—正义线”，一般的正义观是“所有的社会价值——自由和机会，收入和财富，自尊的基础——都要平等地分配，除非对其中的一种价值或所有价值的不平等分配合乎每一个人的利益”。罗尔斯的正义论为“环境正义”提供了必要的理论基础，他提出的“正义”包含了强烈的平等主义意蕴，对于解决环境问题中的受益和责任分担问题提供了重要的理论参考。因此，环境正义可视作正义理论在环境研究领域的应用和发展。

环境正义的概念源自20世纪80年代美国环境正义运动。1982年，北卡罗来纳州以黑人和少数民族居住为主的瓦伦县（Warren County）居民举行游行，抗议在阿夫顿社区（少数民族社区）周边建造多氯联苯（PCB）废料填埋场，从而引发学界关于环境正义的关注。此事件就是环境正义运动史上有名的“瓦伦事件”。1987年出版的《必由之路：为环境正义而战》是最早介绍瓦伦县居民示威活动的书籍，当中最早使用“环境正义”（Environmental Justice）一词，之后很快得到广泛接受。1988年，《环境正义》一书从环境法的角度阐释约·罗尔斯的正义理论，提出了在环境领域存在的公平、效率和安全等问题。自“环境正义”一词在《必由之路：为环境正义而战》一书中首先出现后，涌现出了如班杨·布赖恩特和罗伯特·布勒德等主张环境正义的旗手人物。班杨·布赖恩特组织了诸多环境保护会议，其代表作是《环境主张：概念、问题和困境》《环境正义：问题、政策及解决办法》。罗伯特·布勒德是环境正义领域成果最多的人物，其作《美国南部的倾废：种族、阶级和环境》是环境正义理论的代表性作品。

有关环境正义的界定，黑人学者布尼安·布赖恩特认为，环境正义社区是“由文化规范与价值、法则、规则、行为、政策以及决断力来支持的可持续社区，在此社区里的居民可以放心地在一个安全的、滋养的与有生产力的环境之下互动”。罗伯特·布拉德将环境正义区分为三类：程序正义、地理正义和社会正义。美国国家环保局将环境正义定义为在环境法律、法规和政策的制定和执行等方面，全体国民，不论种族、肤色、原始国籍和财产状况，都应得到公平对待和有效参与环境决策。而当前最普遍、最权威的定义是1994年美国总统克林顿颁布的12898号总统令中给环境正义的界定：在环境法律、法规、政策的制定、遵守和执行等方面，全体人民，不论种族、民族、收入、原始国籍和教育程度，应得到公平对待并卓有成效地参与。公平对待是指，不使任何人由于种族、民族或社会群体等原因，被迫承受不合理的负担，包括工业、市政、商业等活动以及联邦、州、地方和部族项目及政策的实施导致的人身健康损害、污染危害和其他环境后果。该命令要求所有联邦机构在实施项目、制定政策、采取行动时，都把实现环境正义作为自己的使命。

环境正义理论的研究内容一般包含三方面：代内正义、代际正义、种际正义。代内正义是指处于同一代的人和其他生命形式对享受清洁和健康的环境有同样的权利（蔡守秋，2005），区分国际正义与国内正义。代际正义，国际自然资源保护同盟在1980年起草的《世界自然保护大纲》和1982年起草的《世界自然宪章》两个报告中都表达了有关思想。报告认为，代际福利是当代人的社会责任，当代人应限制对不可更新资源的消费，并把这种消费水平维持在仅仅满足社会基本需要的层次上。同时还要对可更新资源进行保护，确保持续的生产能力（黄乾，2001）。种际正义是指人要尊重自然，热爱大地，保护环境、动物和其他非人类生命体应该享有的生存权利，人与非人类生命体物种之间要实现正义与公平。

当前的环境正义研究主要包含两方面内容：环境质量正义和资源数量正义。环境正义理论发轫于环境质量正义研究，以美国的环境种族主义运动为开端，主要强调种族与环境废物分布的关系。之后的许多研究都是围绕二氧化碳排放的不公平性、环境污染向农村等弱势地区扩散等环境质量方面的议题展开。近年来，环境正义研究主题逐步从关注环境质量正义拓展到资源数量正义上来，资源数量正义主要强调国家、地区或群体之间资源消费和使用数量的公平。研究对象主要是能源或资源，譬如石油、煤炭、土地与水等。环境质量正义是环境正义研究的基础，资源数量正义拓展了环境正义研究的范围，将包括能源、水等在内的资源消耗纳入了公平性研究范畴。

环境正义理论的内在含义是，在承认资源稀缺性和以分配公平为目标的双重前提下，在环境资源分配中关注环境弱势群体，彰显正义与公平，在解决环境危机的基础上避免社会危机的产生。水资源分配中环境正义缺失的主体主要是农村和农民等环境弱势群体。我国的河流与湖泊、水库等水资源绝大多数存在于农村地区，农业水资源的非农化消耗以及污染影响到的主要是农业和农民，农民和农村承担了城镇用水过度挤占农业用水以及城镇废水回流农村的双重恶果。同时，在补偿机制缺失的现状下，农民遭受的损失得不到公正的赔偿，易导致社会秩序不稳、群体事件产生。另外，工业的快速发展挤占部分农业用水引致农业用水危机激增，农业用水在水资源数量分配中又处弱势地位，进一步导致农业发展受到影响，农民的利益受损。因此必须提升农民的环境主权地位，实现环境正义。

1.3.4 演化博弈理论

演化思想很早就存在于经济理论研究中，在以静态分析为主的新古典经济学时代，凡勃伦的《有闲阶级论》、熊彼特的《经济发展理论》、哈耶克的《自由秩序原理》以及阿尔钦的《不确定性、演化和经济理论》等著作中都运用了演化思想，但“演化”一词真正出现在学术领域还要追溯到生物学研究中，达尔文主义的出现标志着生物学演化思想的正式形成。而博弈论是基于每个主体都有一个明确的外生变量、每个主体决策基于决策者的知识及其对其他决策者的预期等假设，对竞争格局中各个决策主体相互交往过程进行研究并作出决策的科学。20 世纪 70 年代，随着 Smith 等（1973）提出演化稳定策略（Evolutionary Stable Strategy，ESS），演化博弈理论作为一种将动态演化过程和博弈论分析结合起来的理论便应运而生，该理论源于生物进化论，能够对生物进化过程中的某些现象作出合理的解释。下面对演化博弈理论的特征和应用范围进行介绍。

（1）演化博弈理论的特征

第一，演化博弈理论的研究对象是随着时间和空间发生变化的某一个或某一类群体；第二，演化博弈理论研究的目的是理解群体演化的动态过程以及说明群体为何达到目前状态或怎样达到目前状态；第三，影响群体变化的因素既具有一定的随机性和扰动性，又有通过演化过程中的选择机制而呈现出的规律性；第四，演化博弈理论几乎所有的预测或解释能力都表现在群体的选择过程中，通常群体的选择过程具有一定的惯性，而且这个过程潜伏着突变的动力，从而不断地产生新变种和新特征。而演化博弈模型的建立一般主要基于两点，即选择机制和突变机制或创新机制。演化博弈模型的特征有：第一，研究对象为参与人群体，分析动态的演化过程，解释群体为何以及如何达到目前的发展状态；第二，群体的演化有突变和演化两个行为机制；第三，经过群体选择形成的行为具有一定的惯性。

（2）演化博弈理论的应用领域

演化稳定策略（ESS）概念的提出使演化博弈理论在各个不同的领域中得到了长足的发展，为人们对博弈论的研究引入了一个新视野，为演化博弈论的发展寻找到了突破口，是演化博弈理论诞生的标志。20 世纪 80 年代，演化博弈理论的研究逐渐深入，经济学家们把演化博弈理论引入经济学领域，用于分析社会制度变迁、产业演化、金融证券以及股票市场等，对演化博弈理论的研究由对称博弈向非对称博弈深入，取得了很多成果，如 Selten（1980）证明了“在多群体博弈中演化稳定均衡都是严格的纳什均衡”，说明传统的演化稳定均衡概念在多群体博弈中显示出局限性。20 世纪 90 年代，演化博弈理论的发展进入一个新阶段，Webull（1997）比较系统、完整地总结了演化博弈理论，其中也吸纳了一些最新的理论研究成果，其他的一些成果包括 Cressman（1992）以及 Samuelson（1997）的很多著作文献，Arce 等（2005）研究了 4 种不同类型的囚徒困境博弈达成所需的信息要求和演化。跨入 21 世纪，国内学者也逐渐开始对演化博弈理论的基本内容和相关概念进行研究，石岿然（2004）、周峰（2005）、易余胤（2005）等学者将演化博弈理论运用到农村税费改革、电力市场、信贷市场、双寡头市场和自主创新行为研究等方面。可见，演化博弈理论正在被广泛地运用到各个领域，其应用研究的内容在不断完善和优化。

1.3.5 可持续生计理论

20 世纪 80 年代末期，“可持续生计”一词在世界环境和发展委员会报告中首次出现（向家宇，2014）。90 年代初期，经过很多学者的总结，较为系统的可持续生计概念框架初步形成（Chambers，Conway，1992；Scoones，1998）。其中，对可持续生计的定义最主流的是 Chambers 和 Conway（1992）提出的，即“能够应对压力和打击并具有可恢复力，在保护自然资源基础的前提下，又能保证甚至增强目前和将来的能力和资产”。随着学术界对可持续生计问题研究的不断深入，从 20 世纪末开始，一些研究机构和国际组织对可持续生计理论的研究及发展起到了至关重要的推动作用。

迄今为止，关于可持续生计分析的理论框架主要有 3 种（表 1-1），分别是由国际救助贫困组织（CARE）、联合国开发计划署（UNDP）和英国国际发展部（DFID）提出的，这 3 种理论框架有相近之处，也有不同的侧重点。在众多可持续生计分析研究中，被广泛采纳的是由英国国际发展部提出的可持续生计分析框架，即 SLA 框架（苏芳等，2009）。

表 1-1 不同可持续生计分析框架的比较

发布机构	年份	生计资产内容	特点
国际救助贫困组织（CARE）	1994	资产三角形（社会资产、经济资产、人力资产）	强调自我激励和社会激励两个方面
联合国开发计划署（UNDP）	1995	资产六边形（社会资产、经济资产、人力资产、政治资产、物质资产、自然生态资产）	注重弱势群体的可持续发展能力，资产划分侧重于有形和无形资产
英国国际发展部（DFID）	2000	资产五边形（社会资产、金融资产、人力资产、物质资产、自然资产）	强调应该重视政府的作用

1.4 研究思路与方法

1.4.1 研究内容

可持续流域管理的最终目标是实现流域水资源—经济—社会—环境的协调发展。本书针对黑河流域管理过程中存在的农业用水占比过高、部门间用水矛盾突出、绿洲扩张、节水反弹和生态环境恶化等问题，从微观农户行为的角度展开研究。具体地，本书以黑河中游典型灌区为研究对象，基于 2013 年和 2019 年的农户调研数据和统计数据，分别构建 DEA - Tobit、BEM - DEA、两阶段二分式 CVM 等模型，以测算典型灌区主要农作物灌溉技术效率，并分析其主要影响因素，模拟水资源转移政策的农户行为响应情况，以规避节水反弹带来的负面影响，推定绿洲边缘区将灌溉用水转移给当地生态部门的农户受偿意愿，为制定生态补偿政策提供补偿标准参考。主要研究内容如下：

第一，根据黑河中游典型灌区 2013 年农户不同作物投入产出调研数据，通过构建子矢量 DEA - Tobit 模型对典型灌区主要农作物灌溉技术效率进行测度，以判定作物用水是否存在节省空间。在此基础上，从农户人口社会学特征、农户生产管理特征、农户耕作意愿及风险等方面对其影响因素进行分析，为提升作物灌溉技术效率提供科学依据。

第二，基于典型灌区主要农作物灌溉技术效率测度结果和灌溉用水反弹的实际问题，从农户行为响应出发，使用2013年的典型灌区农户作物生产与投入、家庭消费情况调查数据和相关统计数据，构建BEM-DEA模型，设计模拟情景、政策情景和补偿情景，分析对比作物灌溉技术效率提升背景下水资源转移政策对农户行为的影响，以规避灌溉用水反弹、促进水资源优化配置。

第三，基于作物灌溉技术效率测度结果、水资源转移政策的农户行为响应以及绿洲边缘区农户耕地扩张破坏生态环境的实际问题，从农户受偿意愿的角度出发，运用两阶段二分式CVM模型设计问卷，根据2019年农户受偿意愿调研情况，从农户人口社会学特征、耕地特征、灌溉特征、对目前补偿政策的满意程度、农户环保意识等方面选取变量，通过最大似然估计评估将节省的灌溉用水转移给当地生态部门的农户受偿意愿，为黑河流域中游绿洲边缘区制定转移农业用水补偿机制提供补偿标准参考，进而为完善水资源管理政策、促进流域可持续发展提供科学参考。

1.4.2 研究方法

（1）基于数据包络分析（Data Envelopment Analysis，DEA）**的技术效率分析方法**

DEA法是Charnes、Cooper和Rhodes于1978年创建的（Charnes，Cooper，Rhodes，1978），是使用数理规划模型对具有多个输入和输出指标的“部门”或“单位”（也就是决策单元，Decision Making Unit，DMU）间相对有效性进行衡量的一种方法。“子矢量效率”这一概念在1994年由Färe等学者提出，该模型不仅为计算水资源这一投入要素的技术效率提供理论依据，还能够更加贴切地反映农户现实生产（Lansink，Silva，2004）。因此，本书为了测度作物灌溉技术效率，引入水资源子矢量效率这一模型，即在保证作物产出和其他生产投入要素不变的前提下，通过对比某种作物的灌溉用水量与对应的生产前沿面上的生产单元的灌溉用水量，测度作物不同生产单元灌溉技术效率的相对高低。

（2）基于Bio-economic模型的农户经济行为分析方法

Bio-economic（简称BEM）模型是一个将农户的经济行为与农业生产生物物理过程有机结合的综合模型，它把观察到的农业生产生物物理过程纳入基于投入产出的经济优化模型中，能够较好地模拟农业技术进步、农业政策调整以及农产品市场价格波动对农民福利水平、农业生产决策和农村生态环境的影响（Shi，1996；Janssen，2007）。其核心思想是揭示人们从自身利益出发的生产和生活行为对生态环境产生作用的过程，以及生态环境变化对人类活动的影响，进而探究人地关系（Kruseman et al.，1998；Fleming et al.，2003）。在分析农户政策选择和资源配置方面，BEM 模型对外界影响因素具有高敏感性、能够刻画农业生产活动细节等显著的优点（King et al.，1993；Sankhayan et al.，2003）。

BEM 模型的构建需要考虑研究问题涉及的时间和空间尺度（Schuler et al.，2006）。在时间尺度上，BEM 模型分为静态模型和动态模型，静态模型主要是对一段时期内的农业生产活动进行分析，而动态模型则是对多个时期的农业生产活动进行关联分析，目前相关研究较少，本书的研究主要是基于静态模型展开的。在空间尺度上，BEM 模型可以在村庄、灌区、流域或者更大区域层面上建立。可以根据农户生产投入和家庭收入消费等数据建立灌区尺度上的 BEM 模型，农户行为方式和技术选择的一致性假设，即同质性假设是基于数理规划方法构建模型的核心假设（张益丰，2008）。具体地：

第一，BEM 模型的机制和内涵。

Bio-economic 模型从某种意义上说是一个统称。它集成了用实证观察模拟生物过程的生物物理模型和包含投入产出的经济优化模型，是一个将农户的经济行为与农业系统生物物理过程有机结合的综合模型，可用于模拟农业技术进步、农业政策调整以及市场变动对农民福利、农业生产经营和农村生态环境的影响。

作为土地的生产者和决策者，农户的经济行为会对当地的生态环境产生直接或间接的影响；反过来，生态环境的变化也会制约农户的生产条件。在农户尺度上，探索人与生态环境之间的作用反馈机制，深刻揭示人对生态环境的作用过程，以及生态环境变化影响人类活动的途径，进而研究人地关系作用机制是 BEM 模型的核心思想。

在农户农业政策选择和生产资源合理配置方面，BEM 模型因为具有能够仿真农业生产经营活动细节、对外界因子变化敏感性高等优点，成为研究农业生态经济系统的非常有力的工具。King 等（1993）基于对工业化国家的农业系统的研究，探讨了 BEM 模型的设计目标，主要包括以下四点：理论建设，

BEM 模型是一个通用的模型，有利于跨学科的理论建设；工具开发；技术和政策评估；决策支持，BEM 模型构建了一个决策支持系统，可以帮助农户进行农业生产管理决策。

第二，BEM 模型的建模尺度。

时间尺度和空间尺度是模型主要的两个维度，时空尺度的选择要根据实际情况而定。在应用 BEM 模型进行研究的过程中，不同的时间尺度和空间尺度研究的具体操作不同。

时间尺度上，BEM 模型包括静态模型和动态模型。静态模型一般只研究一个时段的农业生产活动。动态模型研究多个相互联系的时期的农业生产活动。动态 BEM 模型又可分为递推模型、间断模型和动态递推模型。递推模型将上期结束的利益作为下期利益的起点；间断模型总目标为整个时期利益最大化，时段之间的利益是相互影响、需要权衡的；动态递推模型整个时期利益最大化，而在各个时段上，将上期结束利益作为下期利益的起点。动态 BEM 模型在长期预测、技术选择、政策建议等方面的应用越来越广泛。

空间尺度上，BEM 模型可以在农户、村庄、流域或者区域尺度上建立，基于数理规划方法构建的 BEM 模型的一个核心就是同质性假设，即 BEM 模型假设样本农户的行为方式和技术选择是一致的，也就是说 BEM 模型最好是建立在农户尺度上，因为如此可以解决联合生产和消费的问题，同时允许了各种资源禀赋的异质性。但在现实中，我们面临的生态环境问题往往是流域或者区域尺度的，一个集成模型需要包含从村庄到流域的尺度。例如在村庄水平上，土地、劳动力和资本等要素通过交换达到平衡，但是一个流域上游的决策可能对下游产生影响。可见，BEM 模型需要结合具体问题进行构建。

第三，BEM 模型的应用。

国外较早利用 BEM 模型开展研究，主要集中于农业、养殖业、森林和湿地管理以及海洋可再生资源管理等领域。例如，Schuler 等（2006）以德国东北部地区为研究对象，利用线性规划建立 BEM 模型，用以描述和评估农业生产和规避土壤侵蚀风险的相关政策的影响；Sankhayan 等（2003）以尼泊尔南部的 Mardi 流域为例，运用动态非线性 BEM 模型分析社会经济和技术因素对土地利用变化和森林退化/再生过程的影响。近年来，国内学者也利用 BEM 模型进行了一些研究尝试。如 Shi 等（2015）以内蒙古奈曼旗为例，基于线性规划模型建立人地关系行为机制模型，来描述政策和社会经济环境变化以及土地退化过程之间的关系；郑华和吴常信（2007）利用生物经济模型对中国类型不同的猪场进行了模拟研究；张益丰（2008）借助海洋生物经济学模型，分析了海洋捕捞业与海洋生物多样性的可持续问题；Lu 等（2014）以北京市顺义区的 BND 农场为研究区，运用线性规划构建包含农业生产和废物处理系统的 BEM 模型，研究技术进步在猪粪处理的经济环境效益方面的影响。但整体而言，国内在利用 BEM 模型研究实际问题方面起步较晚，相应的研究成果较少，有很大的发展空间。已有的 BEM 模型的应用研究主要针对几个方面展开：

农户行为决策研究：利益最大化与多重标准方法。

假设农户具备足够的信息，并且是一个理性的利益最大化追求者，那么即可建立单目标线性规划方程。实证研究中，单目标包括农业收入最大化、农业利润最大化、农业利润减去风险损失最大化以及农业期望收入最大化。现实农户行为决策中，目标选择往往不符合经济利益最大化，如个人生活习性、社会环境、个人心理对决策行为会产生影响。因此单目标利益最大化模型是基于利益主体“理性人”假设的抽象化模型。如石敏俊等（2009）应用 BEM 模型，以农户净收益最大化为目标，研究石羊河流域民勤绿洲地区在压缩农业用水后农户的政策选择。另外，我们还必须考虑多个利益相关体，例如经济、环境、生态及社会效应，建立多重标准目标方程。多重标准法中，可以建立多目标方程，使其中一个目标利益最大化，而以别的利益群体为约束，或者使整个利益群体正外部性最大、负外部性最小。如石敏俊和王涛（2005）以内蒙古农牧交错区为例，以村级层次上纯利益最大化为目标，以土地、劳动力和土壤侵蚀量为约束建立多重标准 BEM 模型，探讨沙漠地区实现生态重建和脱贫双目标的政策。

农业生产风险因素研究。

农业生产周期长，农户预测能力与掌握的信息有限，而农业生产中面临一些不可抗的风险，例如天气、农产品价格的变动等。将风险因子加入 BEM 模型当中，才能更加客观地刻画农业生产活动。风险因子主要包括两类：不确定风险和确定性风险。Pannell 等（2000）在其不确定风险研究中认为，当主体利益方差变化很大时，农民福利的减少并不明显，因此不确定风险对农户行为决策的影响并不重要；但是在受极端天气和病虫害影响比较大的地区，不确定风险因子必须加入模型中予以考虑。确定性风险因子，例如农民有投入劳动力市场并且实现资金短期周转的机会，也是值得深入研究探索的。Apland（1993）和 Dorward（1999）在确定性风险因子研究中建立了随机型规划模型。

(3) 基于两阶段二分式 CVM 模型的农户受偿意愿分析方法

条件价值评估（Contingent Valuation Method，CVM）基于 Hicks 提出的衡量消费者剩余补偿变化（CV）和等价变化（EV）、补偿剩余（CS）和等价剩余（ES）等理论（Bateman，Carson，Day，2002；程淑兰等，2006），通过问卷调查的方法观察被调查者在一个虚拟或假设市场中的经济行为，并且在此基础上进一步测算被调查者的支付意愿（Willingness to Pay，WTP）或者受偿意愿（Willingness to Accept Compensation，WTA）。该方法可以对资源环境的使用价值和非使用价值进行评估（魏同洋，2015）。

1.4.3 技术路线

就黑河流域近二十年水资源管理取得的成效以及现阶段流域管理面临的难题来说，技术性节水和部门间的结构性节水仍是提高水资源利用效率、完善水资源管理政策的重点。农户作为最大的用水主体，其追求自身利益最大化的耕地扩张行为导致农业节水反弹，削弱了以往水资源管理政策的实施成效，从可持续水资源管理角度来看，增加公众参与的社会化管理是优化配置流域水资源、促进流域内各要素实现经济—社会—环境—资源协调发展的关键。因此，本书以农户行为为抓手，首先从技术层面对黑河流域典型主要农作物灌溉技术效率进行测度并分析其影响因素，旨在探索农业灌溉用水是否存在节省空间，并为水资源管理政策的制定提供理论和现实依据；其次，基于作物灌溉技术效率测度结果和节水反弹的现实问题，提出需要对节省的灌溉用水进行统一管理才能有效规避节水反弹的假说，并从农户行为响应的角度模拟水资源转移政策的实施效果；最后，考虑到水资源转移政策可能会降低农户收益，从农户受偿意愿的角度分析将农业用水转移给当地生态部门的生态补偿标准，为黑河流域中游绿洲边缘区制定转移农业用水补偿机制提供科学借鉴，增加政策制定过程中公众的参与度，促进流域可持续发展。

研究方法上，主要采用文献综述、实地调研、数理模型、政策模拟以及实证研究相结合的方法。具体地，基于 2013 年典型灌区农户不同作物的投入产出数据，构建 DEA - Tobit 模型，测度主要农作物灌溉技术效率，并揭示影响作物灌溉技术效率提升的主要因素；基于 2013 年农户农牧业生产与投入、家庭消费情况构建 BEM - DEA 模型，通过情景设计，探讨水资源管理政策对农户行为的影响；最后，基于两阶段二分式 CVM 模型，设计 2019 年农户受偿意愿调查问卷并对农户受偿意愿进行评估。本书研究框架与技术路线见图 1 - 3。

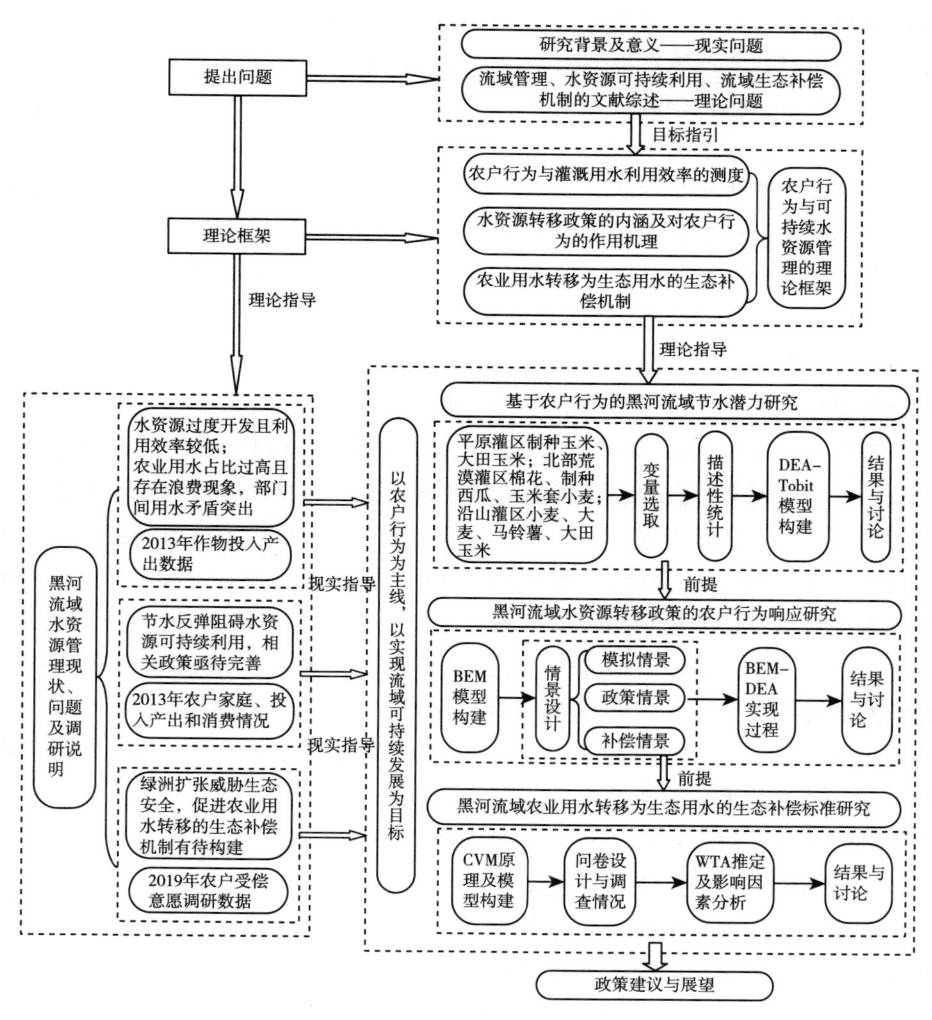

图 1 - 3 研究框架与技术路线

1.4.4 可能的创新

基于第一手的农户调研数据，运用子矢量 DEA 模型，客观真实地测度了作物灌溉技术效率，揭示了农业灌溉用水向生态用水转移的技术可能性。

以往有关灌溉技术效率的研究大多把农户作为决策单元、把农作物收入作为产出指标，并没有考虑到地区自然因素、耕种条件、种植结构差异以及农产品市场价格对效率测算结果的影响，不能真实地反映灌溉技术效率。本书基于技术效率理论，将作物灌溉技术效率界定为在控制不同区域自然因素（如灌区气候、海拔、降水等）、农业耕种方式（如作物灌溉方式）、作物种植结构的差异并剔除农产品市场价格波动等因素影响的前提下，以不同作物产量为产出指标衡量的单位作物灌溉用水可以实现的最大作物产出的能力，以客观反映灌溉技术效率水平。此外，不同于农业技术效率测度过程中各类投入要素均可进行自由处置，作物灌溉技术效率应该在除水资源之外其他投入要素和产出均不变的前提下进行测度，以反映实际生产情况，本书采用子矢量 DEA 模型揭示了农业灌溉用水向生态用水转移的技术可能性。

采用 Bio - economic 模型，模拟分析了农户对灌溉用水管理政策的经济行为响应，为规避节水反弹、完善内陆河流域水资源可持续管理提供科学参考。

目前，关于灌溉用水反弹的大多数研究证实了农户为了追求利益最大化而扩大生产规模的行为是导致节水反弹的主要原因，但是规避节水反弹的政策研究偏重于从资源可持续利用的角度进行分析，较少基于农户行为视角从流域/地区可持续发展的角度进行分析。结合我国内陆河流域节水反弹的诱因和绿洲经济发展特征，本书从可持续流域管理出发，通过构建 Bio - economic 模型，模拟分析了农户对灌溉用水管理政策的经济行为响应，指出转移农业用水和限制土地开垦的政策会改变农户生产边界，影响绿洲经济发展和社会安定，需要引入补偿政策，以提高水资源转移政策的精准度和可信度，并为规避节水反弹、完善内陆河流域水资源管理政策提供科学参考。

测算了农业灌溉用水向生态用水转移的农户受偿意愿，为黑河流域确定农业用水向生态用水转移的生态补偿标准提供参考。

目前有关流域生态补偿机制的文献多数是对流域上中下游生态补偿机制进行研究，较少有学者关注部门间用水转移的生态补偿机制。就黑河流域生态补偿机制的研究而言，以往的文献对黑河流域居民对生态环境改善的支付意愿进行评估，重点是评估流域生态系统服务价值。也有学者对黑河流域上中下游生态补偿机制构建进行研究，但多数是定性分析，定量研究的文献较少。并且，从黑河流域管理实践来看，虽然构建并完善生态补偿机制已经成为流域管理的终极目标，但目前尚未形成比较完善的补偿机制。本书基于作物灌溉技术效率测度结果，在分区域分作物的基础上，评估了农户将节省的作物灌溉用水转移给当地生态部门的受偿意愿，为黑河流域确定农业用水向生态用水转移的生态补偿标准提供了科学参考。

2 文献综述与分析框架

流域是一个天然的集水单元。从地理学视角来看，狭义的流域是指从河流（湖泊）的源头到河口，被分水线包围的地面和地下集水区域的综合，广义的流域是指一个水系的干流和支流流过的整个地区。从经济学的角度来看，流域是一个完整的“经济—社会—环境—资源”复合巨系统，除了水资源之外，还存在土地、植被等其他自然地理要素，同时也存在人类和人类的各种经济社会活动，是进行水资源管理和生态环境保护的基本单元。内陆河是指由内陆山区降雨或高山融雪产生的、不能流入海洋、只能流入内陆湖泊或在内陆消失的河流。黑河流域是我国西北地区典型的内陆河流域，水资源短缺严重制约了地区经济—社会—环境—资源的协调发展，使流域管理面临严峻的挑战。为了促进水资源的可持续利用，提高我国区域发展的包容性和可持续性（孙久文，原倩，2014），有必要从可持续流域管理、水资源可持续管理、流域生态补偿等方面对国内外前沿文献进行梳理和归纳，为本书后续的研究提供理论支撑和分析框架。

2.1 文献综述

2.1.1 农户行为

2.1.1.1 农户行为的内涵与发展

农户行为是指在一定的社会制度和资源约束下，农户作出的各种农业生产决策和生活中的各种消费行为和选择行为，具体又可以分为农户消费行为和农户生产行为。要分析农户行为，首先要对农户的理性程度进行假设，因为农户的理性程度直接影响农户的生产和消费行为。就目前有关农户行为的研究成果来看，不同学者对农户行为的理性假定存在差异，譬如，一些学者认为农户生产决策和消费选择是农户在完全理性的情况下作出的，而有的学者则认为农户行为是非理性的，主要是为了满足自身及家庭成员的需求，还有学者介于前两者之间，认为农户行为决策是在非完全理性状态下作出的。其中，理性小农学派是农户完全理性假设的代表，组织生产学派是农户非理性假设的代表，而历史学派则是农户非完全理性假设的代表（徐涛，2018）。

理性小农学派。20世纪60年代，美国著名经济学家舒尔茨提出了农户是追求利润最大化的，并将经济学中"理性人"的概念运用到农户行为分析中。他认为农户像资本主义企业家一样是完全理性的经济个体，与其他微观经济主体之间不存在本质差别，是"贫穷而有效的"。比如，农户在农忙季节雇佣工人的时候，会与同类农户进行对比，并结合作物投入和产出情况进行考量，以确定能够给出的最高价格；农户在购买日常生活用品和生产资料时，极易受到市场价格的影响，会在同类商品中经过一番对比之后，选择物美价廉的。因此，该学派认为在技术条件一定、要素禀赋没有变化的情况下，个体农户对要素价格的变化是比较敏感的，农户会理性地进行资源分配，以实现帕累托最优。之后，波普金对该理论进行了补充，认为个体农户能够根据自己的偏好作出使自身效用最大化的决策，在很大程度上丰富了理性小农学派的相关研究。

组织生产学派。该学派的代表人物是苏联社会农学家恰亚诺夫。该学派认为农户的生产和消费行为选择是非理性的，他们得到这样的结论主要是基于从社会学角度、在高度自给自足的大环境下对农户行为进行的分析。所以，该学派认为农户进行农业生产的目的主要是满足自身及家庭成员的需求，一旦满足了这一需求，农户便不再愿意多付出劳动去获取更多的利益。该学派之所以得到这样的结论主要和当时苏联集体化生产的社会大背景有关，当时的苏联处于自然经济状态，这样的市场大环境使得农户认为他们进行生产只需要考虑自身的劳动和需求，而不需要考虑市场的需求。之后，美国经济学家詹姆斯提出这样的社会背景下，农户的生产经营往往是规避风险的，农户不会为了获得更多的利益而冒险。但是这一理论是在特定社会背景下提出的，需要改进。

历史学派。20世纪80年代，加利福尼亚大学洛杉矶分校历史系教授黄宗智基于对中国小农户行为的研究提出农户是非完全理性的（黄宗智，1986）。该学派提出农户行为决策是在非完全理性前提下作出的，研究对象是中国居民，因为我国人口多、耕地少，所以农户在进行生产决策时很少考虑自身的劳动力投入，只要能够获得更多的产出，农户会花费大量的时间去经营，也就是说农户不会考虑到劳动的边际产出。但是，近年来，农民的物质生活不断得到丰富，农户生产农产品不仅是为了满足自身需求，还会拿到市场上进行出售（许庆，刘进，钱有飞，2017）。与此同时，也出现大量农村劳动力涌向城市的现象，我国出现“空心村”“老年村”等特殊地区（陈刚，2016），农村看似不缺劳动力，但是能够支撑农业生产的劳动力在不断减少，农户也越来越重视自身劳动的边际产出，农户的理性程度在不断提升。因此，本书认为现阶段我国的农户是具有完全理性的经济个体，他们在投入要素、市场风险和不同的地区经济发展制度的约束下，以追求收益最大化为农业生产的最终目标。

此外，通过对国内外有关农户行为的研究文献的梳理发现，20 世纪 90 年代中期之前，农户行为的研究主要是从经济学角度围绕农户收入（Singh，1972；Kinsey，1985）、农户生产效率、农户生产决策、农户投资行为等方面展开的（卢迈，戴小京，1987）。20 世纪 90 年代中期到 2005 年，学者们开始关注家庭经营情况、闲暇时间安排以及耕地质量等对农户生产和生活行为的影响（Francisco，1996；Kim，2004；阳进良等，2004）。2005 年至今，有关农户行为的研究更加多元化，主要集中在农户弃耕行为影响因素（张佰林，杨庆媛，严燕，2011）、农地流转行为（陈美球，肖鹤亮，何维佳，2008；张锦华，刘进，许庆，2016）、农户耕地利用行为（Rasul，Thapa，Zoebisch，2004；薛彩霞，姚顺波，2016）、农户水土保持行为（Beedell，Rehman，1999）以及禁牧政策（赵敏敏，周立华，陈勇，2017）、退耕还林政策对农户土地利用行为的影响（任林静，黎洁，2017）等方面。这些研究为本书从农户行为的角度探究黑河流域可持续水资源管理提供了借鉴，但是相关研究较少关注资源约束变化或者技术水平变化对农户调整种植结构、开垦耕地等行为的影响。

2.1.1.2 农户行为的研究方法

目前，农户行为的研究方法主要包括利用农户调查和计量模型揭示农户行为特征，采用农户模型对农户行为进行分析，或者利用系统模拟方法预测农户行为变化。其中，农户调查主要分为社会调查、遥感调查以及二者相结合的方法，社会调查主要采用问卷调查或参与性农村评估方法（钟太洋，黄贤金，2007），常用的计量模型有线性回归模型（Gellrich，Zimmermann，2007）和非线性回归模型、Probit 模型（Fisher，Shively，2005）、Logit 模型

（Herath，Takeya，2015）、嵌套 Logit 模型（Odihi，2003；Nicholas，2002）以及 Tobit 模型（Godoy，O'Neill，Groff，1997）等，这些模型虽然可以在一定程度上解释影响农户行为的关键因素，但不能排除因素之间的相互作用。农户模型起源于 20 世纪 20 年代苏联恰亚诺夫的小农模型，20 世纪 60 年代以后得到了很大的发展。相关研究应用多目标模型、线形和非线性的农户行为模型、多变量模型等来研究农户态度、目标、行为之间的关系（翁贞林，2008）。一些学者设计了基于农户模型的农户行为分析框架，并基于农户经济学理论，探讨农户行为与国家政策执行效果的关系（张林秀，1996）。此外，目前应用较多的模型有 BEM 模型（Shi，2005；Lu，2014）、系统动力学单方程模型、元胞自动机模型、计划行为理论模型、神经网络模型等（王涛，陈海，白红英，2009）。

2.1.2 可持续流域管理

早期有关可持续流域管理的研究大多集中在对流域管理内涵进行界定、对流域管理模式及案例进行对比分析等方面。1993 年，英国学者 Gardiner 最早将可持续发展理论纳入流域综合管理的研究中，并指出流域管理以实现流域可持续发展为目标。1995 年，英国国家河流管理局发表了 Thames 河流域 21 世纪日程与持续发展战略，对水资源、洪水、自然保护、水质、休闲地等方面进行了以可持续发展为目标的流域发展规划。进入 21 世纪，Axel 对美洲流域管理的研究成果进行了归纳，流域管理从初期的以发展经济或者提升技术水平为主的流域水资源开发利用到过渡阶段的以管理为中心对流域水资源进行管理，再发展到高级阶段的以环境管理为核心的流域综合管理。Loucks（2000）对流域可持续水资源管理的主要内容进行了界定；联合国教科文组织（UNESCO）政府间水文计划工作组也对可持续水资源管理的内涵进行了界定，即“能够支撑社会福利在未来不降低，并且不破坏人类赖以生存的水文循环和生态系统完整性的水资源开发利用管理政策”（童昌华，马秋燕，魏昌华，2003）；沈大军、王浩、蒋云钟（2004）将流域管理界定为以水资源为主体，对流域空间内水土及其他自然资源进行保护、改良和合理利用，并对人类经济和社会活动进行综合管理，以达到充分发挥水土资源及其他自然资源的经济—社会—生态效益目标的多学科、多元化的新兴学科。可见，可持续发展已经成为流域管理的原则和目标。

西方国家的流域管理模式从局部到整体，从分散到综合，从静态到动态，从单一目标到多目标统筹发展，从改造和征服自然到人与自然和谐共处，最终朝着以实现流域可持续发展为目标的集体共同开发利用的方向转变（Wagner，2002；应力文等，2014）。19世纪60年代，英国成立了泰晤士河管理委员会，但是当时的委员会没有实权，只是就流域水质污染面临的问题进行资料搜集、讨论和协调（Bailey，2004）。1878年，美国人鲍威尔在撰写美国西部干旱地区土地报告时提出了流域管理的概念，但当时并没有得到政府的采纳（Bailey，Zoltai，Wiken，1985）。德国于19世纪末就设立了鲁尔河协会。西班牙于1926年成立第一个流域管理机构，但是这一机构在当时的主要职责是建设水利基础设施。直到20世纪30年代初期，美国田纳西流域管理局的成立使得流域管理作为一种管理形式出现（Henocque，Andral，2003；Perkins，2011），得到了印度、斯里兰卡、巴西、哥伦比亚、澳大利亚等国家的重视和效仿（Pantulu，1983；Omernik，2003）。

我国的流域管理历史悠久，古代就有治理洪水灾害和确保漕运的河道总督机构。1930年前后，国民政府设置了以管理水资源供给和分配为主的流域管理机构，权力比较有限，管理比较分散。自新中国成立到1983年前后，我国逐渐形成由水利部和国家环保总局牵头的部门管理机制，如水利部设置了黄河水利委员会、长江水利委员会、淮河水利委员会等管理机构，这一时期流域管理重点是水资源开发和利用，目标比较单一（沈大军，2009；肖生春等，2017）。进入21世纪，随着我国水法、水污染防治法、防洪法的不断完善以及《关于实行最严格水资源管理制度的意见》的发布，我国流域管理的内容从以水资源供给管理为主到以水资源需求管理为主再到以可持续流域管理为主，流域管理的目标已经由水资源可持续利用发展为流域可持续发展。

近年来，可持续流域管理的研究主要从两条主线出发：一是把水资源作为主要约束，对流域经济—社会—环境—资源等的可持续发展进行研究；二是从水资源可持续利用的角度出发，把水资源作为核心因素进行研究。但就目前的研究趋势而言，这两条主线正在相互融合和渗透，共同组成可持续流域管理研究的核心内容。如程国栋（2002）提出了以水资源可持续利用研究为纽带的黑河流域生态经济综合研究框架；Alemayehu等（2009）以埃塞俄比亚东部提格雷的阿加拉流域为例，研究了集成水资源管理对土地利用的影响，并指出国际水资源管理战略作为改善流域土地覆盖的关键，对减轻贫困和可持续生计具有重要意义；Adamowski 等（2011）以加拿大魁北克的 Chateauguay 流域为例，提出基于离散小波变换和人工神经网络的地下水位预测新方法，为制定和实施更有效的可持续地下水管理政策提供技术支撑；肖生春等（2011）分析了近 50 年来黑河流域水资源管理面临的问题，并探讨了内陆河流域水资源集成管理模式和区域可持续发展对策；Shi 等（2012）以中国三峡为例，探究了小流域综合治理对水土流失和输沙的影响，指出流域综合治理更有助于生态环境改善；魏伟、石培基、周俊菊等（2014）对石羊河流域可持续发展能力进行了评估；张菊梅（2014）指出流域管理需要和具体研究案例相结合、完善相关法律法规、提升流域管理机构的作用和地位；陆大道、孙东琪（2019）和张宁宁、粟晓玲、周云哲等（2019）对黄河流域管理战略和水资源承载力进行研究；Benjamin 和 Char（2020）对加利福尼亚州 2014 年的《可持续地下水管理法》进行分析，指出公众参与式的水资源管理模式更有助有促进流域可持续发展。此外，也有学者将遥感技术、地理信息系统（GIS）、多目标管理方法、风险管理模型、委托代理理论等用于可持续流域管理的研究中，为实现流域可持续发展提供途径（Wang et al.，2006；Chowdary et al.，2009；Tan et al.，2016；常亮，刘凤朝，杨春薇，2017）。

综上，在学术研究和实践应用中，可持续流域管理的内涵和内容都得到了丰富和拓展。但目前相关研究大多是从宏观层面对流域可持续发展、流域管理规划和政策、流域管理机构及管理模式进行对比分析，或者采用不同的技术和方法对流域水资源利用效率、优化配置进行研究。虽然研究重点已经从理论分析转向实践应用，对用水主体的关注度也越来越高，但总体仍偏重宏观方面自上而下的研究，很少有学者从微观用水户的角度自下而上地将提升水资源利用效率、转变用水结构、构建流域补偿政策等流域管理的重点部分有机地结合起来，以增加可持续流域管理研究的系统性。

2.1.3 水资源可持续管理

目前，黑河流域水资源供给管理已经不能满足日益增长的需水要求，技术性节水、结构性节水和水资源社会化管理仍是实现黑河流域水资源可持续利用的重点和难点，因此本节从灌溉技术效率、农业节水反弹、水资源配置等方面对水资源可持续利用的研究进行梳理和归纳，为本书后续研究奠定理论基础。

2.1.3.1 灌溉技术效率

（1）灌溉技术效率的内涵

效率是指生产过程中各类投入和产出之间的比例关系（Camacho - Poyato，2004）。Koopmans（1951）认为不必因增加其他投入而减少其中一种要素投入或者不以减少其他产出作为增加某项产出的前提的情况是技术有效的，这时的投入产出情况位于生产前沿面上。Farrell（1957）和 Leibenstein（1966）提出并发展了技术效率的内涵，即在产出规模和市场水平不变的条件下，按照既定的要素投入比例所能达到的最小生产成本占实际生产成本的百分比，它是评价经济资源使用效率的相对指标（Omezzine，Zaibet，1998）。

水资源是农业生产必不可少的生产要素，对其利用效率的研究得到了广泛关注。但是学界对灌溉技术效率的内涵目前尚未形成统一的认识。早期的研究简单地将农业生产效率等同于灌溉技术效率，没有重点关注水资源。如 McGuckin、Gollehon 和 Ghosh（1992）以美国内布拉斯加州 521 份农户调查问卷为研究样本，使用基于 C - D 生产函数的随机前沿分析法对农户灌溉技术效率进行研究；Karagiannis、Tzouvelekas 和 Xepapadeas（2003）以 1998—1999 年希腊克里特地区农户的调研数据为研究样本，运用超越对数 SFP 方法研究了农户灌溉技术效率；Dhungana 等（2004）、Chavas 等（2005）、Haji 等（2007）也进行了相关研究，但大部分集中在对水稻、玉米、小麦等主要粮食作物，或咖啡、烟草等经济作物的农业技术效率的研究上，并将其等同于灌溉技术效率，并没有专门关注水资源投入要素。为了突出水资源，相关学者将研究重点集中在灌溉技术效率上。如 Speelman 和 Buysse 等（2008）学者基于 2005 年南非西北省 Zeerust 市 60 个调查农户的截面数据，使用 DEA 的子矢量效率模型对灌溉技术效率进行估计；Wang（2010）采用同样的方法对甘肃省山丹县马营口灌区 2007 年 432 户小麦种植农户的灌溉技术效率进行了测度，得出灌溉技术效率平均值为 30.65%。可见，农业技术效率是在各类投入要素均可进行自由处置的基础上测度的，而灌溉技术效率是在除水资源之外其他投入要素和产出不变的基础上测度的，更符合实际生产情况。

目前，不同学者研究不同地区灌溉技术效率时，大多选取土地、劳动力、资金以及农户水资源利用量等作为投入指标，而产出指标更多地选择农作物收入，得到的结果多是灌溉技术效率不高、存在较大节水空间。如王晓娟和李周（2005）基于河北省石津灌区 1996 年、2003 年和 2004 年的农户调查数据，采用随机前沿方法（SFA）测度并得到这一灌区的灌溉技术效率远低于生产技术效率的结论；Njiraini 和 Guthiga（2013）以肯尼亚奈瓦沙湖 2010 年的 201 份蔬菜种植农户调研数据为研究样本，采用数据包络分析法（DEA）对灌溉技术效率进行测度，结果表明，该地区灌溉技术效率仅为 31%。但相关文献简单地以农户为决策单元、以农作物收入为产出指标，并没有考虑到不同种植结构和市场价格对效率测算结果的影响。

本书将作物灌溉技术效率界定为：在控制不同区域自然因素（如灌区气候、海拔、降水等）、农业耕种方式（如作物灌溉方式）、作物种植结构的差异并剔除农产品市场价格波动等因素影响的前提下，以不同作物产量为产出指标衡量的单位作物灌溉用水可以实现的最大作物产出的能力。该指标可客观反映灌溉技术效率水平（Farrell，1957）。

（2）灌溉技术效率的测算方法

大多数学者选择以随机前沿分析法（SFA）为代表的参数方法（Karagiannis，Tzouvelekas，Xepapadeas，2003；夏莲，石晓平，冯淑怡，2013；王录仓，陈菲，2018）或以数据包括分析法（DEA）为代表的非参数方法（赵连阁，王学渊，2010；韩洪云，赵连阁，王学渊，2010）对灌溉技术效率进行测度。相比 SFA，DEA 不仅能够考虑到所有投入和产出要素之间的关系（Raju，Kumar，2006），测算出真正的技术有效（韩松，王稳，2004），还不用在进行测度之前假定投入指标和产出指标的关系，不需要对生产函数的形式和误差项的分布情况进行设定，可以在很大程度上避免主观因素对结果的影响，以客观地根据实际观测数据对不同决策单元的效率进行评价。此外，该方法还能说明决策单元的无效程度，还可以指出不同投入要素的改进目标，并且在计算子矢量效率时具有较强的灵活性（Thiam，Bravoureta，Rivas，2001；Reig-Marti，Tadeo，2004；Chambers，Färe，2004），因此被广泛地应用于管理科学与经济学研究中。此外，也有学者采用改进的模糊物元模型对灌区农业用水效率进行测评（李绍飞，2011）。

（3）灌溉技术效率影响变量的选取

大多数学者从农户人口社会学特征、作物种植特征、灌溉特征、土地资源、水资源管理制度等方面分析了影响灌溉技术效率的主要因素，但是不同研究区域和不同作物类型的影响因素不尽相同。如 Dhehibi、Lachaal 和 Elloumi（2007）以尼泊尔和突尼斯 144 个柑橘种植农户调研数据为研究样本，指出被调查者的年龄、被调查者的受教育水平、农户参加农业培训情况、农户的种植规模以及农户感受的水资源对农业生产的重要程度可能会对灌溉技术效率产生正面影响；Frija、Chebil 和 Speelman（2009）以突尼斯 Teboulba 地区内布哈州灌区种植温室大棚蔬菜的小型灌溉农户为研究对象进行灌溉技术效率研究，指出农民技术培训情况、节水技术投资和农田施肥技术对灌溉技术效率的提升具有正向影响；许朗和黄莺（2012）以安徽省蒙城县小麦种植个体农户 2010 年的调研数据为研究对象，指出提高农户生产管理经验、作物规模化种植、提升农户节水意识、推广节水灌溉技术、推广井灌方式、水价改革等都对提高灌溉技术效率产生正向作用；宋春晓、马恒运和黄季焜等（2014）以中东部 5 个省份气候变化和农业适应性调查资料为研究样本，建立了灌溉技术效率和影响因素的函数关系，指出灌溉水源和设施、家庭生产投入、耕地规模和气候变化等均对小麦灌溉技术效率的提升产生影响。此外，Coventry、Poswal 和 Yadav（2015），Jin、He 和 Gong 等学者（2017）从农户风险识别能力、农户耕作意愿等方面选择影响农户灌溉行为的相关变量进行分析，结果显示农户的耕作意愿和风险态度会在一定程度上对其灌溉行为产生影响。

方法上，由于 Tobit 模型是处理“受限被解释变量”的常用方法，现有研究大多构建 Tobit 模型对基于 DEA 方法测算的灌溉技术效率的影响变量进行回归分析。此外，也有研究采用其他模型对“受限被解释变量”进行回归分析，如王兵、唐文狮和吴延瑞（2014）使用 Bootstrap 截断自助回归模型对城镇化与绿色发展效率的关系进行了影响因素的实证研究；张晓敏、张秉云和陈晓宇等（2017）基于 DEA－CLAD 模型，对我国主要牧区牧业生产效率及影响因素进行了研究，但是 CLAD 模型回归结果的稳定性较差，所以采用该方法的不多。

综上，已有研究为本书奠定了研究基础，但也存在改进空间：①选择农户作物收入为产出指标不能排除市场价格因素对灌溉技术效率的影响；②不区分农户种植结构的差异，简单地以农户为研究单元容易使灌溉技术效率测算结果产生偏差；③同时对农业生产技术效率和灌溉技术效率进行测度分析，目标不够明确；④虽然学者们从多角度选取影响因素进行回归分析，但是将农民对待风险的态度、农民灌溉和经营管理经验等因素纳入模型的学者并不多。

2.1.3.2 农业节水反弹

在资源利用领域存在著名的“杰文斯悖论”（Jevons，1866）和“Khazzoom-Brookes假说”（Khazzoom，1980；Brookes，2000），即生产效率的提升并没有减少能源消耗量，经营主体为了获得更多的经济收益，反而增加了能源的消耗量，即“反弹效应”。这一现象在能源研究领域被普遍认同，对于灌溉用水而言，相关学者指出也存在同样的现象，即高效灌溉技术节省的水资源被重新用于农业生产，出现节水反弹现象（Huang，Wang，Li，2017）。但是目前灌溉用水反弹还没有统一的概念，一些学者认为高效灌溉技术节约的农业用水被农业部门新增用水抵消的部分即构成反弹（Pfeiffer，Lin，2014），还有一些学者将灌溉技术改进增加而不是减少总用水/耗水的现象称为“反弹效应”或“杰文斯悖论”。此外，还有一些学者虽然得到了灌溉效率的提升不会达到节水的目的、反而会增加灌溉用水的结论，但是并没有进行深入研究（佟金萍，马剑锋，王慧敏，2014）。参考能源反弹，相关学者用灌溉效率提高后因产出增加导致的新增用水量与灌溉技术升级后的预期节水量之比描述灌溉用水反弹效应。根据反弹效应的大小，可将其分为零反弹、部分反弹、完全反弹和回火四类。

联合国粮食及农业组织以西班牙、以色列、中国等13个国家/地区为例，实证了现代灌溉技术节约的农业用水又重新回到农业部门，出现灌溉用水反弹现象（FAO，2011），即存在“杰文斯悖论”（Jevons，1866）或“Khazzoom-Brookes假说”（Khazzoom，1980；Brookes，2000）。联合国环境规划署和欧盟的相关报告也对灌溉用水反弹现象作出了警示（McGlade，Werner，Young，2012）。出现这一现象的原因，一方面是作物产量增加导致耗水增加（Contor，Taylor，2013；Huffaker，Whittlesey，2015）；另一方面，相关研究认为这是农户理性选择的结果（Dumont，Mayor，López-Gunn，2013；Fishman，Devineni，Raman，2015），即农户以获取最大利益为目标，通过扩张耕地面积、调整种植结构、增加灌溉定额等行为使灌溉用水重新用于农业生产（Scheierling，Young，Cardon，2006；García，Díaz，Poyato，2014；Gómez，Pérez-Blanco，2015；Loch，Adamson，2015；Li，Zhao，2018）。此外，Pfeiffer、Lin（2014）指出农户行为会降低水资源利用效率，即当一个农户用水量增加时，水资源的空间外部性会使其他农户的灌溉成本增加；

Berbel、Mateos（2014）指出农户扩张灌溉面积的行为可能导致水资源枯竭；朱会义和李义（2011）以新疆维吾尔自治区为典型区，利用统计资料和调查数据对现有认识进行实证分析得出，在区域耕地扩张过程中，高效灌溉技术节省的灌溉用水被重新用于农业生产，为耕地扩张提供了条件。可见，农户追求利益最大化的扩大生产规模的行为是导致节水反弹的主要原因，这将严重阻碍水资源的可持续利用。

依据灌溉用水反弹的影响因素，相关研究（Berbel，Mateos，2014；Berbel，Gutiérrez－Martín，Rodríguez－Díaz，2015）指出根据不同部门用水效率的高低对水权进行再分配、限制作物灌溉面积、限制研究区域高耗水农作物种植面积等是规避灌溉用水反弹的重要途径。如 Li 和 Zhao（2016）以美国堪萨斯州高原含水层地区为例进行研究，发现限制农户水权可以有效控制反弹效应的发生。Perry、Steduto 和 Karajeh（2017）以多个国家为研究案例，在实证研究的基础上，指出完善资源管理政策能够促进水资源可持续利用，但并未深入研究。此外，Ward 和 Pulidovelazquez（2008），Dagnino 和 Ward（2012）分别以新墨西哥南部大象峰灌区和北美里奥格兰德流域大象丘灌区为例，采用水文经济模型和线性规划模型，探究了节水补贴政策对节水的影响，发现节水补贴政策会加剧灌溉用水回流，不能达到节水目的。相关研究更侧重于从资源环境角度进行分析，较少从地区协调发展的角度兼顾效率和公平进行分析。节约的灌溉用水被重新用于扩张耕地，有必要通过政策对节约下来的水进行集中管理，因此，加强水土资源管理是首要选择，但需辅以加强土地管理或相关补偿政策。

2.1.3.3 水资源配置

由于不同部门的水资源边际效益不同，水资源从效益低的部门流向效益高的部门不仅体现了水资源的经济属性，还能提高水资源利用效率，提升整个经济社会的用水效益。在水资源匮乏的流域或者地区，不同部门的用水目的、用水时间和空间存在差异和矛盾，部门间用水竞争性不断加剧，为了解决这一问题，国内外学者进行了广泛的研究。

国外有关水资源优化配置的研究始于 20 世纪 50 年代中期，多以流域为研究对象，以协调流域内经济用水和生态用水之间的矛盾为研究目标，采用的优化方法由传统的优化方法发展到现代非线性方法以及多种方法相结合（Hipel，

1992；Varis，Lahtela，2002；Schlueter et al.，2005；Gu et al.，2013；Mbengue，2014），水资源的分配机制主要有水市场机制、边际费用价格机制、用水户参与机制以及公众参与机制等（Dinar，Rosegrant，Meinzendick，1997；Jesús，Gastélum，Juan，2009；Kotir，Smith，Brown，2016）。如澳大利亚墨累河流域管理局以最大的社会经济效益和最小的生态负效益作为水资源优化配置的目标，通过对生态用水的用量和使用时间以及用水户的目前和未来需水量进行测度和评估，制定了河道的配水规划，指出水市场可能使生态用水和生产用水产生扭曲，因为生产用水集中用于能够获取高利润的作物，使得生态用水被挤占（Savic，Walters，1997；Tisdell，2001）；Cai 等（2003）以 Aral Sea 流域为研究区域，基于多目标优化和水量平衡原理对流域水资源进行优化配置，以期实现经济—生态的协调发展；国际水资源协会（IWRA）指出，水资源的优化配置就是在协调经济和生态效益的基础上，将水资源合理地分配给具有各种竞争关系的用水户（Hanley，Wright，Alvarez - Farizo，2006）；Cheng 等（2014）指出，内陆河流域在调水的过程中要注重流域整体的把握，协调上中下游之间的生态—经济效益；Zhu 等（2014）试图设计一套调水策略，以协助调水的决策过程；Wang 等（2015）以黑河流域为例，基于多属性价值理论对水资源配置过程中的利益相关方进行了研究；Wu 等（2020）研究了跨流域调水对生态环境的影响，并在经济发展和生态建设的多目标下，运用优化调度模型来研究两者之间的权衡关系；Zhang 等（2020）基于 CGE 模型研究了黑河流域水资源在生态用水和经济用水之间的优化配置。

我国水资源分布不均匀，水资源短缺是制约经济社会可持续发展的主要障碍。20 世纪 80 年代初，华士乾教授出版的《水利土木工程系统分析方法》一书中对北京地区水资源的配置进行了介绍，这是我国水资源配置研究的开端（华士乾，1988）。同一时期，由于追求经济的快速发展和人口的不断增加，造成水资源的过度开发利用并由此引发了各种水危机，地下水位下降、土地沙化、河道水量减少甚至断流等环境问题在全国范围内蔓延，生态调水成为全社会的共识。国家“九五”科技攻关就西北内陆河流域面临的严峻生态问题，提出要合理确定国民经济发展和生态环境建设的用水比例，提出面向生态经济建设的西北水资源合理配置模式，在协调社会经济发展和生态系统的用水量的基础上确定水资源开发利用的阈值（粟晓玲，2007；王浩，游进军，2016）。相关研究从宏观方面对水权、水资源配置原则等概念进行了界定（胡鞍钢等，

2001；王金霞，黄季焜，2002；沈满洪，2005）。相关学者对我国西北地区内陆河流域水资源开发模式进行了研究，指出水资源配置要遵循可持续发展的原则（方创琳，2001；孙自永等，2003；袁伟，2009；蒙吉军等，2018）。

目前，有关水资源配置的研究，一方面认为水权交易是实现水资源优化配置的主要途径，另一方面对水资源的配置模式进行研究。如赵学涛、石敏俊、马国霞（2008）以石羊河流域为例，从制度和产权经济学的角度出发，提出了虚拟初始水权的概念，并在此基础上构建了水权交易的利益补偿机制；吴丹、吴风平、陈艳萍（2009）对水权配置和水资源配置的联系与区别进行了剖析；孟戈、王先甲（2009）指出，水权交易可以在很大程度上提高水资源的利用效率，提升用水户的效益；李玉文、陈惠雄、徐中民（2010）根据全球水伙伴（GWP）提出的集成水资源管理（IWRM）模式，定量评价了黑河中游甘州区集成水资源管理现状，并提出具体改进建议；田贵良、周慧（2016）分析了对水权交易市场进行监管的必要性；樊辉（2016）指出水权交易是流域生态补偿的市场途径；李春晖等（2016）、彭新育和罗凌峰（2017）指出水权交易可能带来负外部性，会对生态环境造成不良影响；还有学者对我国已有的水权交易案例，如浙江东阳义乌的水权交易、甘肃张掖的水市场、宁夏内蒙古黄河流域的农业水权转换等进行了分析（沈满洪，2005；刘峰，段艳，马妍，2016）。水资源配置模式主要包括行政配置、市场配置、用户参与式配置以及综合配置等四种，在具体的操作中，要结合研究对象的初始水权分配情况、市场健全程度以及经济组织结构等因素进行选择（叶锐，2012）。相关研究以不同流域为研究对象，将免疫遗传算法（娄帅等，2013）、分散优化模型（邵玲玲等，2014）、破产理论（孙冬营等，2015）、社会选择理论（孙冬营等，2017）等融入水资源优化配置的研究中，极大地丰富和发展了水资源配置的研究内容。此外，王晓君、石敏俊、王磊等（2013）指出基于行政管理的水量控制政策比基于市场机制的水价政策更有助于抑制黑河流域的农业用水需求；贾绍凤、梁媛（2020）对水资源配置战略进行了研究。

综上，国内外有关水资源配置的文献大多是在经济与生态协调发展的目标下研究如何对水资源进行配置、水资源配置模式或战略，或者将不同计量模型或理论纳入水资源配置研究中，但这些研究都偏重于宏观层面的分析，从微观层面深入研究水资源配置政策对利益相关群体即农户的行为和效益影响的成果较少，从技术层面上研究可用于再配置的水资源量的成果也很少。

2.1.4 流域生态补偿

2.1.4.1 生态补偿内涵及理论基础

生态补偿是一种使外部成本内部化的应对市场失灵的环境经济手段，通过对损害资源环境的行为进行收费、对保护资源环境的行为进行补偿，提高损害者的成本或弥补保护者的损失，从而平衡受益主体和保护客体的利益，达到保护资源的目的。Shang、Gong 和 Wang（2018）详细论述了中国的生态补偿（Eco - compensation）和国外的生态补偿（Ecological Compensation）以及生态服务支付（Payment for Ecosystem Services，PES）之间的联系与区别。中国的生态补偿包括激励型生态补偿和惩罚型生态补偿两个方面。其中，激励型生态补偿是指个人或企业行为对生态环境起到保护作用而使他人受益，受益人或者政府为此付费；惩罚型生态补偿是指个体或企业行为对生态环境造成破坏，需要为之付出代价，破坏者或者政府承担这部分惩罚。国外的生态补偿仅指中国的惩罚型生态补偿；而 PES 和中国的激励型生态补偿内容是一样的。

本书研究的生态补偿政策是激励黑河中游绿洲边缘区种植主要作物的农户将节省的灌溉用水转移给当地生态部门，农户转移用水的行为对生态环境具有保护作用，但自身利益会受到损害，为了促进流域经济—社会—环境—资源的协调发展，应该对农户进行一定的生态补偿。因此本书的生态补偿是对农户因保护生态环境而损失的农业发展机会进行补偿，是激励型生态补偿。

生态补偿的理论基础包括外部性理论、公共产品理论和生态系统服务价值理论等（毛显强，2002；金京淑，2011）。从外部性理论来分析农户转移农业用水的行为，即农户将节省的农业用水转移给当地生态部门是保护环境的行为，是具有正向外部性的行为，生态环境改善不仅能够增加农户的效用，还为社会公众提供了生态效益。但是，从公共物品理论的角度来看，农户转移的农业用水不再是私人物品，它具备了公共物品具有的“非排他性”和“非竞争性”特征，因为这部分转移的农业用水使生态环境得到了改善，其他没有转移用水的农户和机构也同样享受到了生态环境改善带来的效益，即存在“搭便车”行为。需要注意的是，如果转移农业用水的农户得不到补偿，那农户这种保护环境的行为将是不可持续的。

此外，对生态环境的功能与价值的肯定和评估，是完善生态补偿机制的基本前提。生态系统服务的概念最早出现于20世纪70年代的《人类对全球环境的影响报告》中，Costanza、D'Arge和Groot（1997）对生态系统服务做了更详细的划分，共分为税调节、气体调节、土壤形成等17种类型，但学界对其概念并未达成统一。目前比较权威的是由MA（2005）给出的定义：生态系统服务是指人们从生态系统中获取的各种惠益，包括供给服务、调节服务、支持服务、文化服务（孙新章，谢高地，张其仔，2006）。

目前，学者们研究的重点主要是对生态系统服务价值进行测算，评估方法包括显示性偏好和陈述性偏好两大类。其中，显示性偏好法指的是利用个人在实际市场上的行为来推断环境物品或服务的价值，而陈述偏好法是通过设计虚拟市场，直接询问被调查者的支付意愿或者受偿意愿，主要包括条件价值评估法（Contingent Valuation Method，CVM）和选择实验法（Choice Experiment，CE）（张乐勤，荣慧芳，2012）。由于陈述偏好法不需要依据历史数据进行评估，理论上可以对所有产品的使用和非使用价值进行评价，所以被广泛使用。鉴于CVM法比CE法更加通俗易懂，便于受访者理解，操作性更强，并且能够直接得到受访者的支付意愿或受偿意愿，其在相关研究和实践中得到广泛应用，其理论框架和研究内容也不断得到丰富（王新艳，2005；郑海霞，张陆彪，2006；段铸，刘艳，孙晓然，2017）。

20世纪60年代初，Davis首次在研究美国缅因州林地宿营、狩猎等户外休闲价值时应用了CVM法，之后国内外学者开始将该方法广泛地应用于评估资源环境价值的研究中。美国国家海洋和大气管理局将CVM法作为环境价值评估的标准方法进行推荐之后，该方法在西方发达国家得到快速发展。但早期运用更多的是开放式问卷技术，会产生由于信息等因素导致的结果偏差（Carson，Flores，Meade，2001）。1979年，Bishop和Heberlein将二分式选择（Dichotomous Choices）问卷格式引入CVM法，在Hanemanne（1984）建立二分式选择问卷与支付意愿之间的函数关系之后，二分式CVM方法得到了更多应用。20世纪80年代，CVM方法研究被引入英国、瑞典和挪威，90年代被引入法国和丹麦，特别是“瓦尔德斯号事件”之后，该方法在欧盟国家得到了更为广泛的应用。

进入21世纪，国外学者进一步丰富了CVM方法的理论内涵。如Klose（1999）将CVM法应用到健康评估中；美国学者Loomis（2004）将该方法应用于研究恢复美国普拉特河流域的废水处理、水的自然净化、侵蚀控制、鱼和野生生物入境、休闲旅游的经济价值；Venkatachalam（2004）的重复试验表明WTA是WTP的5倍到75倍；Nele和Douglas（2007）的研究显示WTA是WTP的36.58倍；Mjelde等（2007）对韩国非军事区的生态旅游价值进行了评估；Fearnley等（2008）对比分析了选择实验法和条件价值评估方法；Borghi和Jan（2008）尝试用CVM方法来评估健康促进计划的价值；Yoo和Kwak（2009）测算了公众愿意为绿色电力的普及支付多少费用；Buckley、Rensburg、Hynes（2009）对爱尔兰农场的生态价值进行了评估；Lee等（2010）将CVM方法应用于公众观鸟解释价值评估中；Simpson和Hanna等（2010）运用CVM方法来评估公众愿意为晴空付费的情况；Barrio和Loureiro（2010）对应用CVM方法评估森林价值的文献进行了综述；Bennett和Blaney（2015）采用CVM方法评估了农场动物福利法的价值；Choongki、Mjelde、Taekyun（2013）应用CVM方法评估了韩国2012年丽水世博会大型活动制定不同入场费对公众的影响，并为其合理定价提供了建议；Ji、Choi、Lee（2017）以中国大运河湿地观光旅游为研究对象，对比分析了居民和非居民对这项旅游的付费意愿；Dupras、Laurentlucchetti、Revéret等（2017）采用CVM和CE方法探讨了改善农业区环境状况的支付意愿；Voltaire（2017）采用CVM方法探讨了以自然旅游为未来自然保护区创造收入的可能性；Jin、Rui、Wang（2018）以中国浙江省温岭市为例，分别采用二分式CVM和CE方法对公众对耕地保护的支付意愿进行了评估和对比，结果表明，CVM法更能引起公众的关注，但是CE法得到的支持保护耕地的问卷更多，CVM法得到的支付意愿结果比CE法要高，但是二者并没有本质区别；Woo、Lim、Lee等（2018）应用CVM模型研究了韩国居民用再生能源代替核电的支付意愿。

20世纪90年代后期，CVM法开始被我国学者应用，但早期的研究较少。进入21世纪，有关CVM法的研究开始不断涌现。杨开忠等（2002）以北京市居民支付意愿研究为例，探讨了CVM法在我国环境领域应用的可行性；张志强等（2002，2004）基于黑河流域张掖市生态系统退化的现状，分别采用单边界二分式和双边界二分式的封闭式问卷调查了黑河流域居民对恢复张掖市生态系统服务的支付意愿；林逢春等（2005）采用CVM法对上海市城市轨道交通社会效益进行了研究；石敏俊等（2006）讨论了虚拟市场评价法以及两阶段二分式选择法的原理，推演了应用两阶段二分式CVM模型计算居民平均WTP的数学模型，并以京津风沙源治理工程环境价值评价为研究案例，进行了详细说明；梅强等（2008）首次运用CVM模型对我国企业员工的生命价值进行了估算；唐增等（2008）对CVM法的原理和特征进行了介绍，并指出该方法在我国的运用还有很多不足；梁建梅等（2009）利用该方法测算了高校图书馆服务价值；蔡志坚等（2011）采用二分式CVM法作为引导技术测算南京市民对于长江流域生态系统恢复的支付意愿；许罗丹等（2014）通过对西江流域四省（区）城乡居民的问卷调查，利用条件价值法对该区域水环境改善的非市场价值的影响因素进行了分析，并估算了这一价值的规模；何可等（2014）将计划行为理论（TPB）模型引入CVM分析框架，对农业废弃物污染防控的非市场价值及影响因素进行了分析；游魏斌等（2014）基于CVM法对武夷山风景名胜区遗产资源非使用价值进行了评估；敖长林等（2015）对空间尺度下公众对环境保护的支付意愿度量方法及相关案例进行了研究；查爱萍等（2016）以杭州西湖风景名胜区为例，运用CVM法评估了旅游资源游憩价值并对其进行了效度检验；韦惠兰等（2017）基于新一轮草原生态补偿政策，以甘肃省玛曲县为研究区域，通过CVM法研究了当地牧民对减畜政策的态度和受偿意愿；周晟吕等（2018）利用CVM法研究了上海500位居民对于改善大气环境质量的支付意愿。

2.1.4.2 农户受偿意愿评估

（1）基于不同背景的农户受偿意愿测度

在理论上，补偿标准应该是因一定的环境保护行为而增加的生态系统服务价值，即以增加的生态系统服务价值作为生态补偿的标准（庄大昌，2004；Zhang，Liu，Wang，2007；李国平，石涵予，2015）。在实际操作中，大多以生态保护者的投入成本和机会成本作为补偿标准。目前，相关文献在退耕还林、退田还湖、“南水北调”、建设国家自然保护区、“稻改旱”、发展环境友好型农业、地区工业发展造成农田污染等环境政策和发展背景下，基于不同地区的农户调研数据，采用CVM、机会成本或者CE方法，测算了农户的受偿意愿并以此作为补偿标准（宋欣，2016；李潇，2018；吴乐，孔德帅，靳乐山，2018）。

具有代表性的成果有：汪霞（2012）以干旱区绿洲金昌市和白银市城郊农田土壤重金属污染情况为研究对象，运用CVM法测算出农户的平均受偿意愿在746.45～862.73元/公顷；张方圆和赵雪雁（2014）以黑河中游张掖市为研究对象，基于我国退耕还林生态补偿政策，研究了农户感知的生态补偿效应，发现在农户感知退耕还林生态补偿的背景下，农户的生态效应指数最高，社会效应指数次之，经济效应指数最小；熊凯（2015）以江西省最大淡水湖鄱阳湖湿地为研究对象，分别从生态系统服务价值和农户意愿的角度尝试构建该地区的生态补偿机制，其中，生态系统服务价值可以确定生态补偿的上限，农户受偿意愿与支付意愿的差值，即农户净受偿意愿可以作为生态补偿的下限；么相姝、金如委和侯光辉（2017）以天津市七里海周边农户为研究对象，以“退田还湿”为研究背景，采用双边界二分式 CVM 模型对农户接受补偿的意愿进行了研究，得到农户的年平均受偿意愿为 23 896.65 元/公顷；周晨和李国平（2015）以“南水北调”为研究背景，以陕南水源区 406 户农户为研究对象，研究得出南水北调过程中农户平均受偿意愿为 911 元/(户・年)，并且农户的受偿意愿会受到农户年龄、家庭人数和家庭支出等因素的影响；余亮亮和蔡银莺（2015）以湖北省麻城市为例，基于农户受偿意愿，结合环境友好型农业生产的机会成本，确定了农田生态补偿额度，并通过 Tobit 模型分析影响农户受偿意愿的主要因素；孙博、段伟和丁慧敏（2017）以陕西汉中朱鹮国家级自然保护区周边社区为例，运用 CE 模型对保护区农户的生态补偿方案偏好和受偿意愿进行了研究，结果表明，农户年平均受偿意愿为 608.56 元/公顷，生态补偿方案的实施年限、土地参与比例和农药减少比例对农户受偿意愿的影响为负，补偿额度对受偿意愿的影响为正；乔蕻强、程文仕和刘学录（2016）以甘肃省永登县为研究案例，基于当地矿产资源开发和矿业发展对农业生态系统造成不良影响的现实情况，运用 CVM 法对永登县的农业生态补偿农户支付意愿和支付水平进行了评估；Feng、Liang 和 Wu（2018）以北京密云水库上游农户为研究对象，在 2006 年实施“稻改旱”农业环境政策的背景下，采用 CVM 法估算了农户受偿意愿，并运用 Tobit 模型对影响农户受偿意愿的影响因素进行了分析；Liu、Liu 和 Yang（2019）以中国云南哈尼梯田为研究对象，基于鼓励农户发展生态农业的背景，结合宏观和微观数据确定了生态补偿标准。

（2）影响农户参与生态补偿项目的因素

目前，相关学者多从农户心理特征、个人信仰、对风险的态度、资源禀赋、收入组成、作物种植结构以及补偿方式、人口社会学特征等方面选取相关指标来刻画其对农户参与生态补偿项目的影响（崔嘉文，张琳，侯君，2014）。

如 Vignola、Koellner 和 Scholz 等（2010）基于农民对生态系统服务的决策行为分析了影响哥斯达黎加土壤保持工作的因素，研究表明，农户的环保意识、风险认识和个人信仰等是导致不同地区土壤保持计划存在差异的主要原因；Zhang、Robinson 和 Wang 等（2011）以我国三江国家级自然保护区为例，研究了户主年龄、户主受教育水平、家庭耕地面积、保护区的地理位置、户主对收益和风险的态度等因素对农户参与退耕还林的影响；王昌海、崔丽娟和毛旭锋（2012）以陕西朱鹮国家级自然保护区为例，运用 Logit 模型分析了影响农户生态补偿意愿的因素；Home、Balmer、Jahrl（2014）和 Gabel、Home、Stolze（2018）对瑞士低地农场实施生态补偿区的动机进行了研究，指出现有的激励制度不足以阻止瑞士低地农业景观生物多样性的丧失；Deng、Sun 和 Zhao（2016）以中国黄土高原为研究案例，在退耕还林的背景下，从农户心理结构的视角出发，研究分析了农户对退耕还林项目的态度，来自邻居的压力以及农户对环境的认知情况是影响政策实施的主要因素；李海燕和蔡银莺（2016）在“保护者受益”的基础上，通过 Tobit 回归得到家庭农业收入占比和农田生态环境改善的心理期望与农户的受偿意愿成正比，而年龄、家庭劳动力比例和家庭承包地流转情况则与受偿意愿成反比；黄晓慧、陆迁和王礼力（2019）基于黄土高原地区陕西、甘肃和宁夏三省农户调查数据，采用 Heckman 样本选择模型进行实证分析，结果表明资源禀赋中农用机械数量、林地面积对农户水土保持技术采用具有负向影响，农户生态认知和生态补偿政策对农户水土保持技术采用具有正向影响；Moros、Vélez 和 Corbera（2019）以哥伦比亚亚马孙雨林为研究对象，探讨了不同激励方式对农户行为的影响，结果表明集体激励方式有助于激发农户保护森林的动机，而作物市场价格的上涨在这方面却表现得不太明显。

此外，随着农业环境政策的不断改革完善（李军龙，滕剑仑，2013；李海燕，蔡银莺，2014），一些学者尝试从农户生计的视角出发，研究生态补偿政策对农户生计的影响。如赵雪雁、张丽和江进德等（2013）以甘南黄河水源补给区的农户为研究对象，研究了生态补偿政策对农户生计的影响；李欣、曹建华和李风琦（2015）以武陵山区 830 份农户问卷为研究依据，采用 Probit 模型进行回归，研究发现农户收入水平与生态项目参与情况呈负相关；Zhu、Zhang 和 Cai（2018）在中国广泛实施农业环境政策的背景下，对比了中国东中西部地区不同农业环境政策的效果。

2.1.4.3　黑河流域生态补偿

目前，关于黑河流域生态补偿的研究多停留在定性分析阶段，一些学者从分析黑河流域“分水”方案入手，认为中上游应该得到一定的补偿，特别是中游地区，由于承担着分水的政治任务，导致地下水位急剧下降，严重破坏了中游生态环境（Lu，Wei，Xiao，2015；Kharrazi，Akiyama，Yu，2016；Zhang，Wang，Fu，2018）。蒋晓辉、夏军和黄强等学者（2019）指出，黑河流域在当前的工程和需水条件下，中游退耕至2000年水平和黄藏寺水库建成的情况下，分水方案虽然可以完成，但是存在严重的地下水超采情况（Kharrazi，Akiyama，Yu，2016），说明黑河“97分水方案”已经与黑河流域发展现状存在一定的不适应。由此可以看出，中游地区的生态环境在分水方案实施过程中受到了严重破坏，应该给予一定的补偿（Feng，Miao，Li，2015）。其他具有代表性的成果有，金蓉、石培基和王雪平（2005）探讨了黑河流域上中下游生态补偿机制构建的途径；崔琰（2010）指出黑河流域下游应该给中上游补偿，以弥补分水政策带来的影响；Zhu、Chen和Ren（2016）以黑河流域和塔里木河流域为例，阐述了生态环境问题及其成因，描述了生态系统恢复与保护的现状，分析了生态系统保护与恢复中存在的问题，并提出了实现可持续发展的建议；李开月（2017）分析了黑河调水方案对处于中游地区的临泽县的影响，指出由于中游多年向下游调水，导致中游临泽县特别是绿洲沙漠过渡带的生态问题日益突出，并探讨建立黑河调水的生态补偿机制，指出中游地区因承担对下游分水的社会责任而需要得到一定的补偿。

相关学者也进行了定量研究。张志强、徐中民和龙爱华（2004）基于双边界二分式CVM问卷，通过对黑河流域张掖市6个县/区及嘉峪关市、酒泉市、金塔县、内蒙古额济纳旗等地的共42个村庄进行调研，搜集400份问卷，推定了黑河流域居民家庭对恢复张掖市生态系统服务的平均最大WTP为182.38元/(户·年)；吴枚烜（2017），徐涛、赵敏娟和乔丹（2018），Khan、Khan和Zhao（2019）采用CE法，分别测算了黑河流域中游居民对黑河流域生态系统改善的平均WTP为249.46元/(户·年)，整个流域农村居民的家庭平均WTP为277.32元/(户·年)；李全新（2009）论证了黑河流域建立农业节水生态补偿机制的重要性，并以农户为微观主体，采用生态价值评估与农户投入成本相结合的方法，研究了激励农户节水的生态补偿机制。

2.1.5 生态系统服务价值

2.1.5.1 生态系统服务价值的研究内容

1948年，Vogt提出了自然资本的概念，他指出耗竭自然资源资本，就会降低美国偿还债务的能力。自然资本这一概念为自然资源服务功能的有价评估奠定了基础。在经济合作与发展组织（OECD）环境项目的经济评价中，自然资本的总价值由直接使用价值（可直接消费的产品的价值，如食物、生物质、娱乐、健康等）、间接使用价值（功能效益，如生态功能、防洪等）、选择价值（将来的直接或间接使用价值，如生物多样性）、遗传价值（为后代保留使用价值和准使用价值的价值，如生境）和存在价值（继续存在的价值，如濒危物种等）构成。1935年，Tansley提出生态系统，之后以生态系统为基础的生态学研究形成了科学的体系，并且从注重生态系统结构研究逐渐向关注生态系统功能研究的方向发展。最早的生态系统服务功能探索在19世纪下半叶就已经开始。Marsh出版的*Man and Nature*（1965版）就记述了地中海地区人类活动对生态系统服务功能的破坏，并注意到了腐食动物作为分解者的生态功能。Aldo Leopold指出，人类本身不能替代生态系统的服务功能。Paul Sears则注意到了生态系统的再循环服务功能。1970年，《人类对全球环境的影响报告》中首次提出生态系统服务功能的概念，同时列举了生态系统对人类的环境服务功能。Holder和Ehrlic、Westman先后进行了全球环境服务功能、自然服务功能的研究，指出生物多样性的丧失将直接影响生态系统服务功能。近年来，对生态系统服务功能的研究取得了较大的进展。其中以Daily主编的*Nature's Service*：*Societal Dependence on Natural Ecosystem*（1997）一书和Costanza等在*Nature*上发表的"The value of the world's ecosystem services and natural capital"一文最为引人注目。Daily等将生态系统服务功能定义为：生态系统与生态过程所形成的、维持人类生存的自然环境条件及其效用。它是通过生态系统的功能直接或间接得到的产品和服务，是一种由自然资本的能流、物流、信息流构成的生态系统服务和非自然资本结合在一起所产生的人类福利。Costanza等则对全球生态系统服务功能进行了划分和评估，他们将生态系统服务功能归纳为17种类型，并按10种生物群系以货币形式进行估算。

之后，学者们对生态系统服务的研究更多地集中在对生态系统服务价值的评估、居民对生态系统服务的支付意愿以及基于生态系统服务对区域生态系统进行管理等方面。如谢高地等（2003，2015）建立了中国陆地生态系统单位面积服务价值表；谢高地等（2015）基于扩展的劳动价值论原理，主要采用单位面积生态系统价值当量因子的方法，对中国生态系统提供的 11 种生态服务类型价值进行了核算；张彪等（2017）基于北京市湿地资源调查数据，重点评估了湿地调蓄洪水、供给水源、净化水质、蒸发降温和维护生境等重要生态服务功能及其价值；赵苗苗等（2017）对青海省 1998—2012 年草地生态系统服务功能价值进行了评估；张志强等（2004）针对黑河流域张掖市生态系统退化的现状，在连续型的支付卡问卷调查的基础上，设计离散型单边界二分式和双边界二分式的封闭式问卷并各发放 100 份，调查了黑河流域居民对恢复张掖市生态系统服务的支付意愿；史恒通和赵敏娟等（2015）研究了渭河地区城乡居民对流域生态系统服务的偏好异质性；樊辉和赵敏娟等（2016）对石羊河流域居民支付意愿进行多元回归分析，从居民个体社会经济特征角度入手，分析了居民对流域生态系统服务的偏好；尤南山等（2017）以黑河中游为研究区，基于基础地理信息数据、自然地理数据和土地覆被数据，在生态敏感性和生态系统服务重要性分析的基础上，以最小子流域为基本单元，运用二阶聚类法进行生态功能区划。

2.1.5.2　生态系统服务价值的研究方法

目前国内生态系统服务价值评估仍以直接市场法为主，国际上则以条件价值法（CVM）最为常见。CVM 法虽在国内逐渐成为一种重要的方法，但在具体理论和方法上尚未形成突破。其他一些评价方法还包括旅行费用法、内涵资产法等，但仅见于个别研究。以直接市场法为主主要是受到了 Costanza 研究的影响，而近年来对总经济价值的认识和评价则需要引入非市场价值评估方法。这些方法并非完全独立，也非完全等同，因此如果同时采用会产生重复计算，如果择一而用，又有漏算之虞。能值分析方法虽然避免了主观影响，但与人类经济过程联系过于疏远，限制了方法的发展与应用。CVM 法在评估非使用价值和娱乐价值等方面具有突出优势，可以弥补直接市场法的一些不足。但 CVM 法也存在自身缺陷，如对大尺度评估有效性可能较差，并很少能用于评估生态系统服务的单项调节功能、支持功能等。

可见，学者们对生态系统服务的研究主要集中在内涵界定、价值评估、方法完善等方面，相关研究结果为本书提供了重要借鉴。但生态系统服务价值作为生态保护、生态功能区划、自然资产核算和生态补偿决策的依据和基础，对其研究不应局限在对生态系统服务价值的测算上，如何将生态系统服务价值与地区可持续发展管理政策相结合来探究农户经济行为的变化是值得探讨的。

2.2 分析框架

2.2.1 农户行为与灌溉技术效率的测度

2.2.1.1 农户家庭经济行为

家庭经济行为是整个市场经济行为的重要组成部分，是微观经济学研究的重要对象。曼昆指出，企业和家庭是进行经济分析的两类不同的决策者，企业作为生产者，利用土地等自然资源、劳动力和资本等生产投入要素来生产物品或服务，而家庭一方面拥有生产要素，可以为企业生产提供要素，另一方面作为消费者，又会消费企业生产的物品或者服务。家庭内部决策问题是学者们关注的重点，在微观经济学中，消费选择理论为学者们研究家庭内部决策提供了依据，为研究在家庭偏好、各类生产资料以及收入预算等因素的约束下家庭如何做决策以达到效用最大化提供了基础（Singh，1972；Kinsey，1985）。巴德汉等（2002）从发展经济学的视角讨论了市场上微观家庭经济问题，指出在发展中国家，农户的生产决策和消费决策往往是同时进行的，并在理性选择理论的基础上提出了“农业家庭模型”（AHM），将农户的生产和消费纳入其中，证明了在完善和不完善的市场条件下，家庭的生产决策和消费决策之间的关系存在差异。假设市场条件是完善的，农户家庭的一个标准决策模型是把家庭每位成员（这里假设家庭不同劳动力是同质的）的消费情况纳入预先设定好的效用方程中，并将家庭所拥有的用于生产的各类资产作为预算约束。目标函数是家庭效用最大化，约束函数主要包括资金、劳动力、土地以及劳动时间等。在完善的市场条件下，农户是优先考虑效用最大化的，即最大化利润，这时家庭的生产决策不会影响家庭的消费决策，二者相互独立，这种特征称为“分离特性”。但是在发展中国家的农村地区，市场条件往往是不完善的，导致生产决策和消费决策的分离特征不再成立，农户作出的决策会同时受到家庭的偏好和所拥有的要素禀赋的影响，生产决策会影响消费决策，消费决策也会影响生产决策。例如，如果农户面临不完善的土地资源和劳动力市场，假设不存在土地市场，即农地不能流转，每个农户都是自己耕种自己的土地，而劳动力供给市场存在约束，可能存在非自愿失业的情况，即农户一方面在劳动力市场上花费时间获得雇佣收入，另一方面将其他时间花在家庭农场上获得产出收益，农户的偏好和资源禀赋决定了其选择将劳动时间用于自己生产还是在劳动力市场上获取雇佣收入，分离特征不再成立。可能是由于土地或者劳动力市场不够完善，在这些地区一个突出的现象是，由于小农场更加便于集约化管理，农户会精耕细作，单位土地的劳动力投入也更高，所以相比大农场，小农场的产出要高一些。但需要注意的是，其他形式的市场失灵，比如存在市场风险等也可能导致类似的情况。在此基础上，可以进一步拓展农业家庭模型，将农户在市场上购买消费品和自给行为也考虑在内。

黑河中游农户的生产和消费决策是相互联系的，比如种植小麦的农户，会把一部分小麦用于出售，而留下一部分用于自给；农户可以根据家庭偏好和资源禀赋分配劳动时间。并且受自然因素影响，水资源短缺是农户作出生产决策的主要约束，水资源供应量和作物亩均灌溉用水的改变会引发农户生产行为的变化，影响农户家庭福利水平，这是本书研究的重点问题。农业家庭模型为本书分析农户行为和构建 BEM 模型提供了理论支撑。

2.2.1.2 农户行为特征与灌溉技术效率的测度

同一区域内种植相同作物的农户使用的投入要素种类是相同的，这保证了以种植相同作物的农户为决策单元是具有可比性的。但是不同农户采用的生产技术和工序是有差异的。具体地，农户会根据其拥有的不同资源数量和各类生产要素的价格作出能够使自身收益最大化的生产决策，突出表现在灌溉水源的差异、灌溉技术的差异、各类投入要素如劳动力、灌溉用水、种子、化肥、农药等的数量和质量的差异以及耕地质量的选择上。同一农户不同地块的耕地质量可能存在差异，农户会把市场价格高的作物种植在耕地质量好的地块上，以获取更多的收益，而在质量较差的耕地上种植自给或者喂养牲畜的作物，导致种植相同作物的农户的投入和产出水平存在差距。

生产技术效率是一个相对的指标，用于评价投入要素数量一定情况下产出的最大化程度，或者产出既定情况下所能实现的投入要素最小化的程度。根据王晓娟和李周（2005）、Speelman 等（2008）、赵连阁和王学渊等（2010）对农户灌溉技术效率的测度，水资源这一单一要素的技术效率是在作物产出和其他投入要素保持不变的情况下，灌溉水的最低使用量与实际使用量的比值。具体思路见图 2-1。W 是水资源投入，X 是除了水资源之外的其他要素投入，Y_0 是等产量线。第 j 个农户利用 OW_1 的水资源投入和 OX_1 的其他投入要素实现 Y_0 的实际产出，而该要素组合的最大可能产出水平即 A 点的产出水平。假设其他投入 OX_1 不变，生产 Y_0 的最小水资源投入水平为 OW_2。设 $TECI$ 为作物灌溉技术效率，第 j 个农户的灌溉技术效率为 $TECI_j = OW_2/OW_1$，且 $TECI$ 的取值范围在 0 和 1 之间。当 $TECI$ 等于 1 时，表示该农户处于生产前沿面上，水资源的利用是有效的；当 $TECI$ 小于 1 时，说明该农户的用水效率存在提升空间，没有达到有效状态，且该农户最大的节水量是 W_2W_1。此外，从图中也可以看出，如果以同样的速度改进要素的技术效率，达到技术效率充分有效的目标，即达到图中的 C 点，那么灌溉用水的节约量为 W_3W_1。

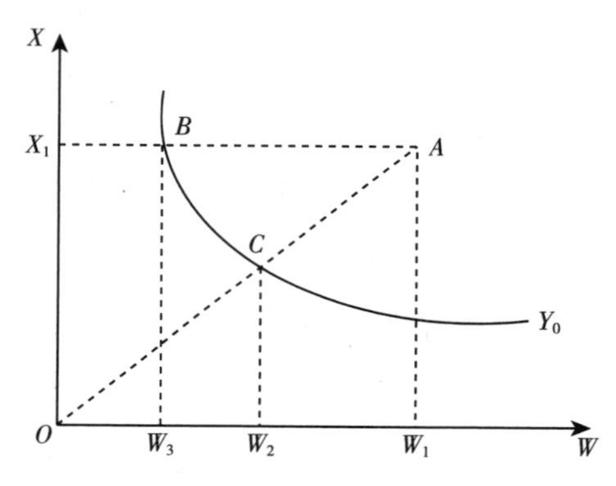

图 2-1　作物灌溉技术效率的测定

2.2.2　水资源转移政策的内涵及对农户行为的作用机理

结合国内外学者对灌溉用水反弹的内涵及治理途径的研究（Berbel，Gutiérrez-Martín，Rodríguez-Díaz，2015；Perry，Steduto，Karajeh，2017），本书将水资源转移政策界定为以规避灌溉用水反弹、提高水资源利用效率和促进地区经济—社会—环境—资源协调发展为目标，在不损害农户利益的前提下，以转移节省的农业用水和限制对未利用土地的开垦为核心，同时辅以相关补偿措施的政策的统称。它通过调整水资源和土地资源的数量以改变农户的生产决策，缓解部门间用水矛盾，进而实现可持续水资源管理的目标。

农户行为的最大特征是追求利益最大化且规避风险（黄宗智，1986；陈刚，2016；许庆，刘进，钱有飞，2017）。农户行为的变化会受到内在和外在驱动因素共同作用（卢迈，戴小京，1987）。其中，内在驱动主要是指农户以追求利益最大化为目标，农户的生产行为决策是在考虑投入和产出的基础上作出的，作物灌溉技术效率的变化会降低作物亩均灌溉用水量，减少投入成本，作物投入产出平衡点会发生变化，导致农户生产决策发生变化。外在驱动主要是指水资源和土地资源是决定绿洲农业经济发展最重要的两个生产要素，通过调整水资源和土地资源的约束边界可以改变农户的生产决策，即农户在追求利益最大化的目标下，会根据两种要素的相对稀缺程度调整作物种植结构，确定是否开垦土地。当放宽土地约束、水资源成为限制因素时，农户会扩大耕地面积，增加单方水效益高的作物面积；当土地资源成为限制因素时，农户会增加单位面积纯收益高的作物面积。可见，内在驱动因素对农户生产行为的变化起主导作用，但需要适应外部环境的变化，农户生产行为将根据外部驱动因素的变化而调整。

2.2.3　农业用水转移为生态用水的生态补偿机制

将节省的农业用水转移给当地生态部门是一个复杂的系统工程，在水资源再配置的过程中要兼顾效率和公平，完善的生态补偿机制是水资源转移政策顺利实施的重要保障。生态补偿政策主要包括补偿原则、补偿主体、补偿客体、补偿标准和补偿方式等内容。就转移农业用水的生态补偿机制而言，其遵循“谁保护，补偿谁”的原则；补偿主体主要包括享受到生态环境变好带来的生态效益的社会公众、政府部门等；补偿客体是指将节省的灌溉用水转移给当地生态部门、承受转移用水带来的损失而应该得到补偿的农户；补偿标准是生态补偿政策的核心内容，科学合理的补偿标准是生态补偿机制建立和实施的前提，可以通过不同的方法对补偿标准进行测度；补偿方式主要包括资金补偿、实物补偿、技术补偿以及精神补偿等，可以根据农户的偏好进行选择。

转移农业用水的生态补偿政策的作用机理是将农户转移农业用水带来的外部收益进行内部化（图 2-2）。具体地，在生态补偿的过程中涉及以政府为代表的社会大众即“受益群体”的利益，和以农户为代表的“提供群体”的利益之间的相互作用。如果没有生态补偿机制，农户将节省的灌溉用水用于保护生态环境的行为得不到与预期收益相符的收益，导致农户缺乏保护环境的积极性，受益群体则会因为市场机制的不健全而无法购买到理想的生态产品。为了弥补市场失灵带来的影响，通过制定生态补偿政策将转移农业用水的社会生态效益转化为对农户的补偿，从而使农户得到与预期收益相符的收益，弥补农户的损失。需要注意的是，将农户节省的灌溉用水转移给本地生态部门，生态环境的改善不仅对社会公众产生效益，农户本身也会获得生态环境改善带来的效益，因此农户获得的补偿金额会低于理论值。

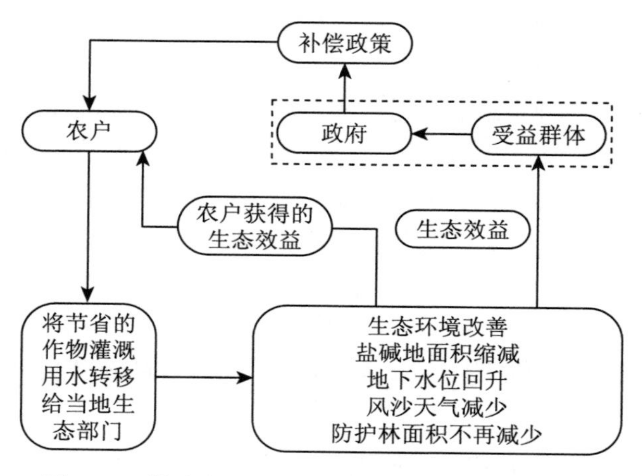

图 2-2　转移农业用水的生态补偿政策的作用机理

需要说明的是，灌溉技术效率的测度、水资源转移政策和将农业用水转移给当地生态部门的生态补偿机制这三部分之间不是独立的个体，而是流域水资源管理过程中相互联系、相互作用的有机整体，微观的农户行为是连接三者的纽带，其作用机制见图 2-3。其中，测度农业节水潜力，即测度作物灌溉技术效率是从技术上判定流域水资源是否具有节省空间，是进一步制定水资源配置（转移）政策和评估转移农业用水生态补偿标准的前提。水资源转移政策实施的前提是确定转移的水量，只有确定了能够被转移的水量才能通过政策手段改变农业生产水资源约束边界，进而考察农户行为的变化。同理，确定能够转移的农业用水量也是农户表达受偿意愿的前提。可见，农业节水潜力的判定是基础和前提。水资源转移政策是作物灌溉技术效率提升带来的节水效果不被抵消的政策保障，是生态补偿标准制定的前提条件。水资源转移政策通过改变农户生产的边界约束条件，即改变水资源和土地资源的数量来改变农户追求利益最大化作出的扩张耕地、增加高耗水作物种植面积等生产决策，以规避节水反弹，提高政策的实施成效；而生态补偿政策的制定是水资源转移政策顺利实施的保障，它能够使农户转移用水的外部收益内部化为农户的经济收益，弥补农户的政策性损失，是促进经济—社会—环境—资源协调发展的重要途径。

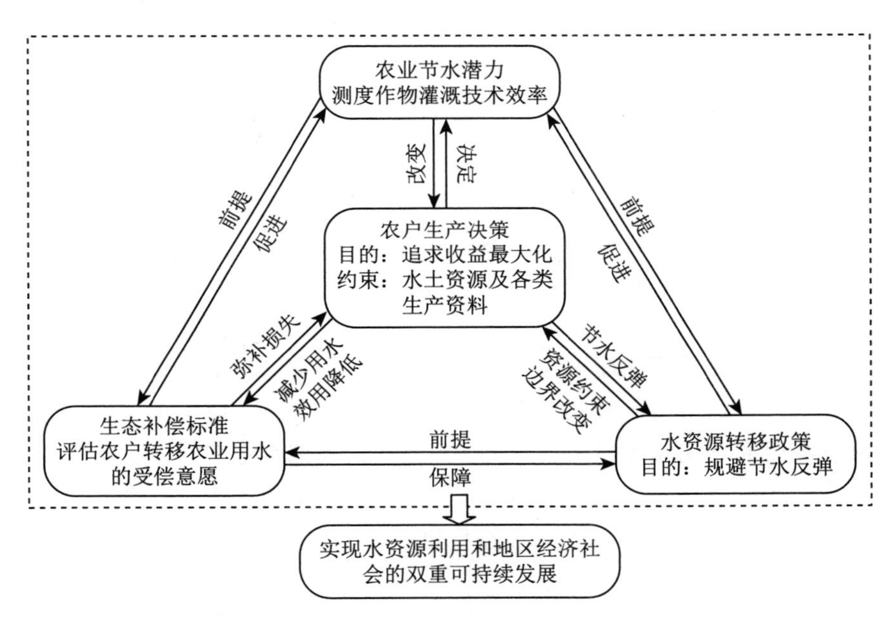

图 2-3 农户行为与水资源可持续管理的分析框架

农户作为灌溉用水的使用者和政策的执行者，其生产行为变化直接决定着作物灌溉技术效率的高低、水资源转移政策能否顺利实施以及生态补偿标准的高低。所以，本书以农户行为为主线，对作物灌溉技术效率进行测度，并就怎样管理节省的灌溉用水才能避免节水反弹进行研究，探讨实施怎样的水资源管理政策或政策组合能够改变农户行为，实现水资源的优化配置和地区经济社会的可持续发展；最后，从农户受偿意愿的角度出发，尝试为制定农业用水转移为生态用水的生态补偿标准提供科学借鉴。

2.3 本章小结

综上，相关文献为本书提供了宝贵借鉴。但仍存在以下不足：①虽然研究内容已经从理论分析转向应用研究，对用水主体的关注度也越来越高，但总体仍偏重宏观方面自上而下的研究，较少有学者从微观用水户的角度自下而上地对流域管理的内容进行研究。②关于灌溉技术效率，相关研究选择农户为决策单元、作物收入为产出指标不能排除农户种植结构的差异和农产品市场价格波动对结果的影响；虽然学者们从多角度选取影响因素进行回归分析，但是将农民对待风险的态度、农民灌溉和经营管理经验等因素纳入模型的学者并不多。③关于灌溉用水反弹，相关研究更侧重于从资源可持续利用的角度进行分析，较少从流域可持续发展的角度、兼顾效率和公平进行分析。就我国内陆河流域而言，为了治理节水反弹，必然要严格限制农业用水，但第一产业作为支撑地区经济发展的主导产业，通过加强水土资源管理政策减少农户灌溉用水，会影响地区经济发展和社会安定，因此需要引入补偿政策配合，使水土资源管理政策顺利实施。④国内外有关水资源配置的研究大多偏重于宏观层面的分析，从微观层面深入研究水资源配置政策对利益相关群体即农户的行为和效益影响的成果较少，从技术层面上研究可用于再配置的水资源量的成果也很少。⑤关于生态补偿的研究，相关研究以农户支付意愿作为评估水资源的生态系统服务价值的标准，较少有学者从农户转移用水的机会成本的角度来研究将绿洲边缘区农业用水转移给生态部门的生态补偿标准，并且相关研究也没有区分作物类型，可能使结果存在偏差。

本部分还通过分析农户行为与水资源可持续管理的理论框架，梳理了农户行为特征与水资源利用效率测度的相关理论、揭示了水资源转移政策对农户行为的作用机理、分析了转移农业用水的生态补偿政策的研究框架，对本书要解决的主要问题以及研究内容之间的逻辑关系进行了详细阐述。

3 黑河流域水资源管理现状及可持续性分析

根据可持续流域管理的内容、相关文献和本书分析框架，对黑河流域经济发展情况、作物种植结构、水资源开发利用情况以及存在问题进行了数据搜集和分析对比，为后文测度作物灌溉技术效率、模拟水资源转移政策的农户行为响应情况以及构建部门间生态补偿机制提供现实基础和数据支撑。

3.1 研究区概况

3.1.1 自然特征

(1) 地理位置

黑河是我国西北地区的第二大内陆河流域，介于北纬 37°41′～42°42′、东经 96°42′～102°00′之间，发源于祁连山北麓，流经甘肃省张掖市盆地，最后消失于内蒙古额济纳旗，流经的行政区包括上游的青海省祁连县和甘肃省张掖市的肃南县，中游的甘肃省张掖市山丹县、民乐县、甘州区、临泽县、高台县，下游的甘肃省酒泉市金塔县和内蒙古自治区的额济纳旗共 9 个县/区，整个流域长 821 千米，总面积约 13 万平方千米（周立华，樊胜岳，王涛，2005)。流域内地貌复杂，地势西高东低、南高北低，呈“高山—绿洲—戈壁—沙漠”地貌特征，由于海拔不一样，流域气候特征的差异性非常明显（刘蔚，王涛，曹生奎，2009）。莺落峡是黑河流域的出山口，是上游和中游的分界点，上游河道的总长度是 303 千米，流经的总面积为 1.0×10^4 平方千米，由于海拔在 4 000 米以上，终年积雪，所以上游地区的气候阴冷潮湿，是黑河各子水系的径流产区和水源涵养区。自此流域可划分为东、中、西三个子水系。其中，东部子水系主要包括黑河干流、梨园河等 20 多条小河流，水域面积为 6 811 平方千米，是黑河流域最大的子水系。张掖市属于黑河流域的东部水系，年径流量24.75亿立方米，其中黑河干流年径流量15.8亿立方米，梨园河年径流量2.37亿立方米，其他沿山支流6.58亿立方米。中部子水系主要包括马丰乐河和马营河等小河水系，最终消失于高台盐池地区；而洪水河和讨赖河则属于黑河流域的西部子水系，这一水系消失于金塔盆地。

径流进入甘肃河西走廊后，从莺落峡至正义峡是黑河中游地带，河道总长度为185千米，流域总面积为2.6×10^{4}平方千米，历年平均降水量仅有140毫米。中游河西走廊是径流消耗区，该地区的海拔在1 200～2 000米，“有水为绿洲，无水为沙漠”，绿洲、沙漠交替分布，该区域典型的内陆型绿洲是我国重要的商品粮和蔬菜种植基地，具有悠久的农耕历史。

正义峡是中游和下游的分界点，下游历年平均降水量只有47毫米，降水少蒸发量大，由于土地多以沙地和盐碱地为主，植被种类单一，河水渗漏严重，生态环境较差，是黑河流域最终消散的地方。居延三角洲是下游地区的生态屏障，也是牧民生活和社会安定的保障，我国重要的国防科研基地——酒泉卫星发射中心就位于内蒙古自治区额济纳旗内。

（2）黑河中游地貌特征

黑河中游张掖市行政区分布狭长，海拔在1 200～5 565米，地势东南高西北低。如果按照地貌特征对其进行划分，可以大致分为祁连山区、平原地区和北部荒漠地区。其中，祁连山区主要是指以山岭和盆地为主要地貌特征的张掖市正南面区域，其总面积大概占全市行政面积的52.2%；平原地区是指地势平坦、土壤肥沃、气候适宜、灌溉设施相对健全的高台、临泽、甘州等干流灌区（海拔1 260～2 480米）和农业发展条件相对较差的盆地南侧的山丹和民乐地区（海拔1 700～3 000米），其总面积占全市行政面积的38.3%；北部荒漠地区主要分布在黑河上下游交界处，海拔2 100～3 616米，占全市总面积的9.5%。

（3）黑河中游气候特征

张掖市历年平均日照时数2 683～3 088小时，多年平均降水量为282.3毫米，蒸发量却在1 400毫米以上，历年平均气温6～8℃，干旱指数高达15.9～20.6，是典型的温带大陆性气候。其中，祁连山区历年平均降水量为200～400毫米，平均气温3.5～4℃，海拔4 200米以上地区为流域天然的“高原固体水库”，而海拔2 600～3 600米地区是流域主要的水源涵养区；走廊平原区多年平均气温5～8℃，但是降水量东西差异却比较明显，多年平均降水量100～200毫米，蒸发量1 000～2 000毫米，为发展农业提供了非常优越的条件；北部荒漠地区降水极为稀少，历年平均降水量为50～100毫米，由于日照强烈，雨水蒸发在2 500毫米以上，气候极端干旱，不利于植物生长，以荒漠草场和沙漠戈壁为主。

3.1.2 经济社会发展情况

张掖市是黑河流域水资源的主要消耗区域。表3-1分析对比了2000年、2005年、2008年、2013年和2018年张掖市、甘肃省和全国的产业结构、收入、人口和用水等变动情况。从表中可以看出，就经济增长和产业结构而言，张掖市第一产业占比由2000年的41.88%下降至2018年的21.86%，虽然持续下降，但是与甘肃省和全国一产占比情况，即2018年甘肃省一产占比11.17%、全国一产占比7.19%相比仍处于较高的水平，并且张掖市的第二产业基本上是在第一产业的基础上衍生发展，第一产业仍然是张掖市的支柱产业，产业多元化水平较低，不利于地区的持续发展。

第一，就居民收入情况来看，近20年来张掖市和甘肃省的人均GDP水平都远低于全国水平，张掖市人均GDP略高于甘肃省，这是因为农村居民可支配收入高于甘肃省，但城镇居民可支配收入低于甘肃省，进一步说明张掖市农业收入对地区经济发展的重要影响。

第二，就人口增长情况而言，相比全国和甘肃省常住人口呈上升趋势来说，张掖市的常住人口呈略微下降趋势，说明张掖市人口外流情况比较明显，这与地区经济发展落后密切相关。但是，近20年来张掖市城镇人口占比虽然低于全国和甘肃省，但纵向来看，张掖市城镇人口占比是持续上升的，在很大程度上说明张掖市的城镇化水平在不断提升。

第三，就耕地面积而言，近20年来，相比全国耕地面积变动情况，甘肃省和张掖市的耕地面积出现明显的上升趋势。相比2000年，2018年甘肃省耕地面积增长了56.61%，张掖市的耕地面积则增长了503%，由4.56万公顷增长到27.50万公顷，说明张掖市农业生产得到大规模的扩张，这虽然在很大程度上促进了地区经济社会的快速发展，但是也给地区生态环境造成巨大威胁，产生了诸多生态问题。

表 3-1　2000 年、2005 年、2008 年、2013 年和 2018 年张掖市、甘肃省和全国主要经济社会发展指标

年份	地区	GDP（亿元）	一产占比（%）	人均 GDP（元）	城镇居民可支配收入（元/人）	农村居民可支配收入（元/人）	常住人口（万人）	城镇人口占比（%）	耕地面积（万公顷）	万元 GDP 用水量（立方米）	万元第一产业增加值用水量（立方米）
2000	全国	100 280.10	14.68	7 942	6 280	2 253	126 743.00	31.33	13 004.00	548	3 736
	甘肃省	983.00	19.63	4 129	4 916	1 429	2 515.00	19.54	343.32	1 248	6 359
	张掖市	64.00	41.88	5 089	4 809	2 860	125.76	17.05	4.56	3 344	7 986
2005	全国	182 321.00	12.46	14 368	10 493	3 255	130 756.00	42.99	12 208.00	309	2 480
	甘肃省	1 928.14	15.56	7 604	8 087	1 980	2 594.36	30.02	342.00	634	4 073
	张掖市	110.79	32.83	8 651	7 595	3 751	128.44	26.08	19.15	2 123	6 468
2008	全国	300 670.00	11.31	24 121	15 781	4 761	132 802.00	45.70	12 171.00	197	1 738
	甘肃省	3 176.11	14.55	12 250	10 969	2 724	2 628.12	32.15	465.88	383	2 628
	张掖市	169.86	28.98	13 285	9 315	4 515	128.16	34.50	22.37	1 388	4 790
2013	全国	568 845.00	10.01	43 852	26 955	8 896	136 072.00	53.73	13 516.00	109	1 086
	甘肃省	6 268.00	14.03	23 981	18 965	5 108	2 582.18	40.13	353.79	195	1 387
	张掖市	336.86	27.64	27 788	15 877	8 465	121.05	38.71	25.93	683	2 469
2018	全国	900 309.00	7.19	64 644	39 251	14 617	139 538.00	59.58	13 488.00	67	929
	甘肃省	8 246.10	11.17	31 336	29 957	8 804	2 637.26	47.69	537.69	136	1 218
	张掖市	407.71	21.86	33 105	25 267	13 710	123.38	47.55	27.50	520	2 380

数据来源：2001 年、2006 年、2009 年、2014 年、2019 年全国、甘肃省统计年鉴和水资源公报以及相应年份的张掖市统计年鉴。

第四，就经济发展用水情况而言，近20年来，张掖市万元GDP用水量和万元第一产业增加值用水量都远高于全国和甘肃省的水平。2000年，张掖市万元GDP用水量分别是全国和甘肃省的6倍和2.68倍，2018年分别是7.76倍和3.82倍；2000年，张掖市万元第一产业增加值用水量分别是全国和甘肃省的2.14倍和1.26倍，2018年分别是2.56倍和1.95倍。说明张掖市的经济发展是粗放的，是高耗水的，水资源的利用效率亟待提升。

综上，可以看出张掖市经济发展在很大程度上还是依赖于第一产业，经济总量小，人均水平低，主要经济指标均低于全国平均水平，现阶段仍处于扩大总量、调整结构、加快发展的重要时期，而当前资源环境对经济发展的瓶颈制约作用却日益凸显。

3.1.3　作物种植结构变动情况

黑河中游的四县一区共有36个小灌区，本书根据水系分布以及不同行政区划情况，将其归并成31个灌区，见表3-2。由于不同灌区的海拔、气候、耕地质量、灌溉条件等存在较大差异，故不同灌区之间的作物类型和种植结构存在明显的差异。其中，平原甘州区和临泽县因日照充足，水资源充裕、土地保水保肥性能较好，地势平坦、灌溉的基础设施比较完善，以种植制种玉米、大田玉米和蔬菜等农作物为主；高台县因与下游地区紧密相连，自然条件干旱少雨，地表蒸发量大，地下水位高，土地沙化和盐碱度较高，灌溉设施也不如平原灌区完善，所以以种植耐旱耐碱的作物为主，主要包括棉花、玉米套小麦、制种西瓜等；沿山灌区海拔高、气温低、蒸发量小、降雨多，土壤虽然肥沃，但是由于处于山区，土地高低不平，多以种植小麦、马铃薯、大麦等农作物为主。具体作物类型分区见表3-3。

表3-2　灌区划分一览

灌区类型	县/区	灌区名称
黑河灌区	甘州区	大满灌区、盈科灌区、西干灌区、上三灌区、乌江灌区、甘浚灌区
	临泽县	板桥灌区、平川灌区、沙河灌区、蓼泉灌区、鸭暖灌区
	高台县	友联灌区、罗城灌区、骆驼城灌区、六坝灌区
梨园河灌区	临泽县	新华灌区、小屯灌区、倪家营灌区

（续）

灌区类型	县/区	灌区名称
沿山灌区	民乐县	益民灌区、童子坝灌区、海潮坝灌区、大堵麻灌区、义得灌区、苏油口灌区
	山丹县	马营河灌区、寺沟灌区、老军灌区、霍城灌区
	甘州区	花寨子灌区、安阳灌区
	高台县	新坝灌区

表 3-3　作物类型区

地区	作物类型区	主要作物
干流灌区	甘州城郊蔬菜区	蔬菜、玉米、小麦
	甘州制种玉米区	制种玉米、小麦、玉米、蔬菜
	甘州沿河水稻区	水稻、制种玉米、小麦、玉米、甜菜
	甘州北部小麦玉米区	小麦、玉米
	临泽北部棉花区	棉花、制种玉米、玉米、小麦
	临泽中部制种玉米区	制种玉米、玉米、小麦
	高台近郊蔬菜区	蔬菜、玉米、小麦、番茄
	高台西部棉花大田玉米区	棉花、玉米、小麦、番茄
	高台中部棉花制种玉米区	棉花、制种玉米、玉米、小麦、番茄
	高台南部玉米区	玉米、小麦、番茄
沿山灌区	高台南部薯类区	薯类、小麦、制种玉米、玉米、番茄
	山丹民乐玉米区	玉米、大麦、小麦、薯类
	山丹民乐制种玉米区	制种玉米、薯类、大麦、小麦
	山丹民乐油菜区	油菜、薯类、大麦、小麦
	山丹民乐胡麻区	胡麻、薯类、大麦、小麦

根据张掖市各县/区的统计年鉴，将 5 个县/区 2000 年、2005 年、2008 年、2013 年和 2017 年的作物种植结构进行了汇总，具体见图 3-1～图 3-5。张掖市开展节水型社会建设之后，各县/区的作物种植结构发生了较大的变化，农作物播种面积也在不断扩张。图 3-1 显示，绿洲核心甘州区 2000 年作物播种面积为 68.63 万亩，主要种植大田玉米、小麦和蔬菜，其中大田玉米和小麦的种植方式多为套种，即带田。但是统计年鉴中没有给出带田的种植面积，所以在图中是分开显示的，但实际种植方式是套种。从图 3-1 中可以看出，

2017 年甘州区作物总播种面积为 102.64 万亩，相比 2000 年增加了 50%。其中，制种玉米种植面积占比呈明显的上升趋势，2005 年甘州区制种玉米的种植面积为 21.19 万亩，占玉米种植面积的比例超过了 50%，2013 年和 2017 年制种玉米的种植面积分别为 53.46 万亩和 65.7 万亩，占玉米种植面积的 85% 左右。蔬菜种植面积的变化并不明显，这主要受限于地区灌溉条件、种植成本和劳动力投入等。可见，近 20 年，甘州区作物种植面积扩张趋势明显，作物种植结构变动较大，制种玉米几乎已经完全替代了过去的带田种植，说明张掖市节水型社会建设取得了显著成效，在很大程度上提升了农业用水的利用效率。

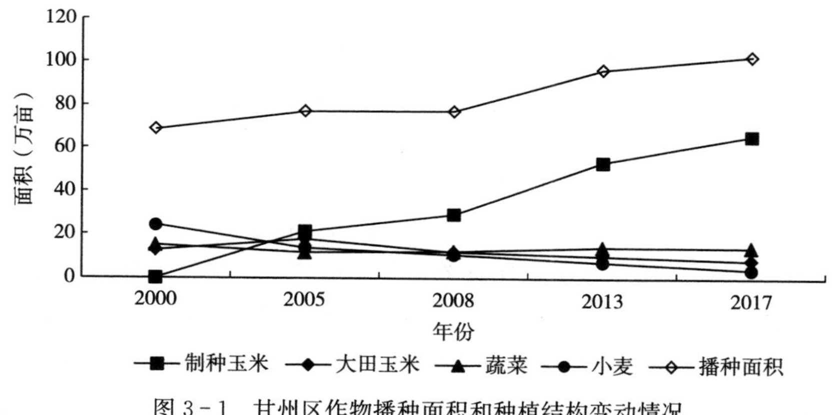

图 3-1　甘州区作物播种面积和种植结构变动情况

图 3-2 给出了位于绿洲边缘区的临泽县的作物种植结构变动情况。总体来看，相比 2000 年，2017 年主要农作物播种面积增长了近 50%，作物种植结构的变化与甘州区相似，均表现为制种玉米种植面积上升、带田面积下降。具体地，2000 年作物播种面积为 26.48 万亩，与甘州区相似，临泽县 2000 年也以带田为主，2000 年之后，制种玉米的种植面积不断增加，2017 年制种玉米种植面积为 25.92 万亩，相比 2005 年增加了 1.5 倍，大田玉米和小麦种植面积下降明显。与甘州区不同的是，临泽县蔬菜种植面积大幅提升，2017 年的种植面积是 2000 年的 3.5 倍。

图 3-3 给出了位于绿洲边缘区的高台县的主要农作物种植结构变动情况。2000 年高台县作物播种面积为 32.44 万亩，主要作物类型是大田玉米、小麦、棉花等。2005 年的作物播种面积为 33.89 万亩，制种玉米播种面积

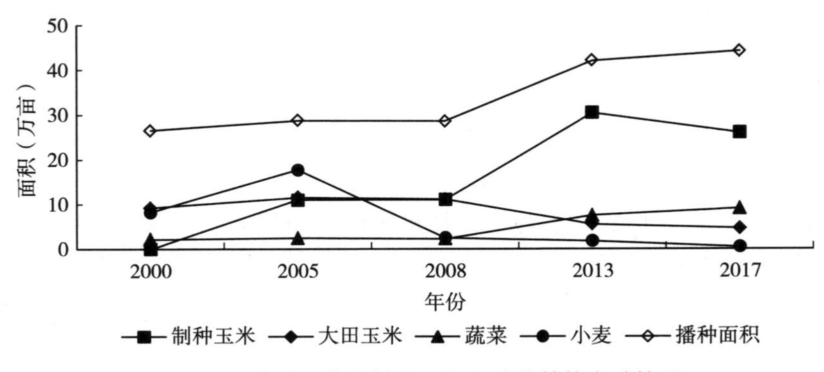

图 3-2　临泽县作物播种面积和种植结构变动情况

为 9.08 万亩，占玉米种植面积的 45%，带田面积减少，棉花面积增加，制种西瓜种植面积为 0.15 万亩，蔬菜种植面积增加。2017 年作物播种面积为 58.83 万亩，相比 2000 年增加了 81.35%，制种玉米种植面积变化不大，这主要是受到地区土地盐碱性的影响，不利于制种玉米的种植，制种西瓜种植面积为 2.20 万亩，比 2005 年增加了 13.7 倍，这主要是因为制种西瓜是高台县主要发展的小制种类型，在订单农业的推动下，制种西瓜已经成为高台县主要种植作物类型之一。然而，近年来棉花种植面积锐减，这主要是受棉花收购价格较低和当地棉花收购公司关闭的影响，农户种植棉花不能获得预期的收益。

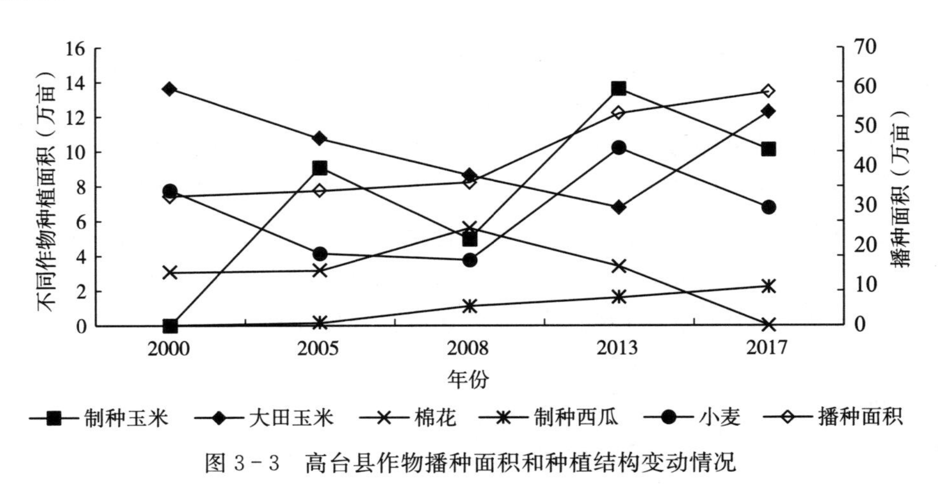

图 3-3　高台县作物播种面积和种植结构变动情况

图3-4和图3-5显示了民乐县和山丹县主要农作物种植变动情况。民乐县和山丹县属于沿山灌区，干旱缺水，由于海拔高、温差大，特别适合油料作物种植。其主要种植的农作物是小麦、大麦、马铃薯和油料作物。从其作物种植面积的变动情况来看，小麦的种植面积变化不大，多年来一直是民乐县和山丹县的主要农作物，大麦和油料作物的种植面积呈下降趋势，马铃薯的种植面积呈上升趋势，与2000年相比，2017年民乐县和山丹县马铃薯的种植面积分别增加了200%和334%，这和张掖市节水型社会建设的内容基本相符。

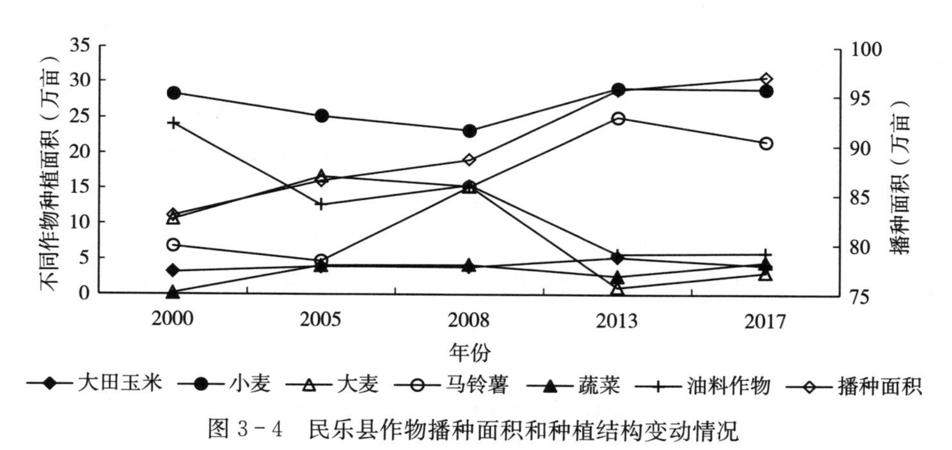

图3-4　民乐县作物播种面积和种植结构变动情况

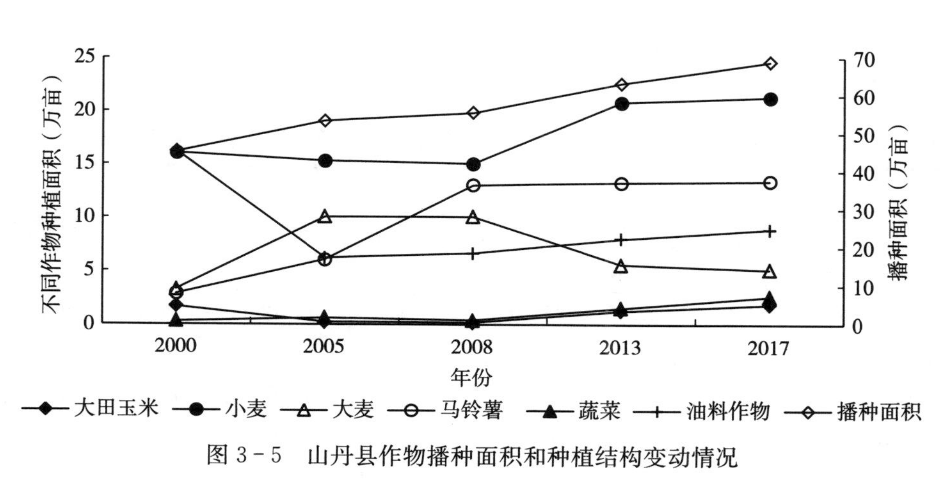

图3-5　山丹县作物播种面积和种植结构变动情况

3.2 水资源开发利用情况

3.2.1 黑河流域水资源利用概况

自汉代以来，国家便开始大力发展绿洲农业，使得黑河流域的水资源被大量用于农业生产（颉耀文，汪桂生，2014；肖生春，肖洪浪，2004）。表3-4列出了黑河流域2000—2017年主要经济指标、耕地面积和水资源情况（由于2004年和2010年一些指标数据缺失，表中无这两年的数据，但下面表格中的数据基本可以反映不同指标的整体变化趋势）。从表中可以看出，2000—2017年，整个黑河流域的GDP由108.68亿元上升至847.87亿元，增长了6.8倍；耕地面积由2000年的508.24万亩上升至521.91万亩，且在2014年达到最高值536.64万亩，并且农田有效灌溉面积增长了23.69%，粮食产量增长了45.45%。说明黑河流域近十几年处于快速发展阶段，经济总量明显增加，整个流域耕地面积上升不明显，耕地面积的扩张区域主要集中在中游地区，但这对地区经济发展的影响却是不容忽视的。需要注意的是，黑河流域总供水量历年平均值为33.41亿立方米，其中地表水供水量历年平均值为26.04亿立方米，地下水供水量历年平均值为7.03亿立方米，而黑河流域历年水资源开发利用率为134.44%，2002年水资源开发利用率更是高达209.00%，远超国际上公认的水资源开发利用率安全警戒线（40%），说明黑河流域水资源常年处于过度开发的状态。

表3-4 2000—2017年黑河流域经济发展、耕地面积和水资源变动情况

年份	GDP（亿元）	耕地面积（万亩）	农田有效灌溉面积（万亩）	粮食产量（万吨）	总供水量（亿立方米）	地表水供水量（亿立方米）	地下水供水量（亿立方米）	水资源开发利用率（%）
2000	108.68	508.24	498.48	110.00	34.84	29.12	5.73	154.00
2001	120.96	526.58	510.23	93.11	36.10	28.86	7.24	106.60
2002	131.58	519.96	512.11	96.75	35.93	28.32	7.62	209.00
2003	152.59	319.77	446.40	97.57	34.88	29.12	5.73	200.00
2005	213.12	481.56	457.45	103.44	29.49	25.27	3.62	131.00
2006	289.48	480.08	486.74	111.27	29.42	25.21	3.64	131.00

（续）

年份	GDP（亿元）	耕地面积（万亩）	农田有效灌溉面积（万亩）	粮食产量（万吨）	总供水量（亿立方米）	地表水供水量（亿立方米）	地下水供水量（亿立方米）	水资源开发利用率（%）
2007	339.87	409.37	465.33	109.48	29.45	24.74	4.07	113.00
2008	401.63	465.68	420.74	112.57	29.21	24.83	3.75	136.00
2009	464.24	465.68	418.93	119.73	29.27	22.07	6.57	120.00
2011	681.52	358.96	428.08	129.94	29.00	21.78	7.10	139.00
2012	758.86	370.06	429.99	138.94	29.28	21.66	7.50	112.00
2013	824.03	524.01	610.00	160.55	37.69	26.86	10.78	127.00
2014	860.20	536.64	612.03	150.14	39.16	28.70	10.26	125.00
2015	805.55	515.22	613.03	150.24	38.13	27.36	10.30	115.00
2016	791.23	515.22	614.53	147.85	37.34	27.11	9.51	
2017	847.87	521.91	616.03	160.04				

数据来源：历年《甘肃省水资源公报》。

3.2.2 黑河中游水资源利用情况

黑河中游甘肃省张掖市由于地势平坦，水源充足，具有悠久的绿洲农业开发历史。它集聚了整个流域80%以上的绿洲、95%的耕地和大概90%的人口，是黑河水资源的主要消耗地区。经过几千年的发展，特别是新中国成立以来，黑河中游张掖市成为我国西北地区重要的商品粮和蔬菜基地，不仅为全省提供了35%的商品粮，也为地区经济发展作出了重要贡献。张掖市83%的GDP增长来源于绿洲农业，享有“金张掖”的美誉。但是，自20世纪60年代以来，由于受“以粮为纲”方针、“农业学大寨”运动以及“人多力量大”的鼓励生育的人口政策的影响，中游绿洲农业得到了前所未有的扩张，地区人口不断增加，导致黑河流域水资源被大量用于中游的农业发展，大量挤占了下游生态环境用水，使得下游额济纳旗地区的生态环境不断恶化，由此不仅引发了一系列省际水事矛盾，黑河中游甘肃省内部的农业用水矛盾也日益激化，特别是每年农作物灌溉的关键时期，灌区之间争抢用水的事件不断发生（赵锐锋等，2017），这不仅影响了流域上中下游的生态环境建设，还严重影响社会安定

(王晓君，石敏俊，王磊，2013)，说明早期建立的“均水制”已不能满足可持续水资源管理的需要（沈满洪，何灵巧，2004）。

为加强黑河流域综合治理和水资源的统一管理，20 世纪 90 年代，先后出台了 1992 年分水方案和 1997 年分水方案（李启森，赵文智，2004）。2001 年之后，黄委会决定对黑河水量进行统一调度，按照“97 分水方案”给下游分水，即“在莺落峡多年平均来水 15.8 亿立方米时，分配正义峡下泄水量 9.5 亿立方米；在莺落峡 25%保证率来水 17.1 亿立方米时，分配正义峡下泄水量 10.9 亿立方米；在枯水年莺落峡 75%保证率来水 14.2 亿立方米时，分配正义峡下泄水量 7.6 亿立方米；在莺落峡 90%保证率来水 12.9 亿立方米时，分配正义峡下泄水量 6.3 亿立方米”。近 20 年，黑河分水方案是在持续处于丰水年的背景下执行的，在很大程度上改善了黑河下游地区生态环境、缓解了省际用水矛盾（钟方雷等，2014）。但张掖市黑河干流地区的用水量从分水前的近 9 亿立方米下降到分水后的 6 亿立方米，导致中游干流地区的人均水资源量减少至 1 190 立方米，每亩水资源量下降至 510 立方米，绿洲农业发展面临巨大挑战，相关学者指出，“97 分水方案”已不再适应流域经济发展（Zhang，Wang，Fu，2018）。

为了缓解黑河分水给中游地区带来的用水压力，2002 年水利部确定张掖市为全国第一个节水型社会建设试点。主要内容是：调整作物种植结构，明细水权，采取“总量控制、定额管理”的水资源分配原则，渠系衬砌等。其中，作物种植结构调整之前，中游地区主要以玉米—小麦带田种植为主，耗水量较大，作物种植结构调整之后，制种玉米成为中游地区主要作物类型，灌溉用水的单方水效益大幅度提升。但是农户为了获得更多的经济收入，把作物种植结构转换节省下来的水量继续用于扩大制种玉米的种植面积，导致作物单方水效益的提高并没有降低绿洲农业的总需水量。“总量控制、定额管理”即在控制水资源使用总量的前提下，依据不同灌区的水权面积将每年来水量分配给对应的耕地，即先按照水权面积将水资源按照比例分配到县/区，再由不同的县/区分配到相应的灌区，最后分配到村和户，在很大程度上解决了原来水资源分配无序的难题。实践中主要采用“轮水制”将分配给各灌区的水量转换成引水时间，但这种分配方式相对粗放，导致不同作物的灌溉水量没有严格控制在定额范围，超额灌溉现象仍普遍存在（石敏俊，王磊，王晓君，2011）。另外，张掖市自节水型社会建设以来，制定并颁布了 20 多项相关规定，成立了将近

800 个农民用水者协会，推出了“水票＋农民用水者协会”的农业灌溉用水流转运作模式。灌区现行的水票制度是“水权证＋用水许可证明＋购买水票”，目的是促进农民在三级市场上流转和购买农户水权范围内的水票，以提升水资源利用效率，促进水资源的优化配置，对于盈余的水量，可以由水管单位以标准水价的 120％进行回购。但是，由于市场机制的不完善、剩余水量回购定价过低等没有实现水权市场交易。

2012 年《关于实行最严格水资源管理制度的意见》的颁布和实施，对中游张掖市节水建设提出了更高的要求。为了提升水资源的利用效率、压缩用水总量，张掖市以最严格的水资源管理“三条红线”为准则，通过推行“红黄蓝”水资源分区管理模式，分区限制地下水开采、制定了严格的取水许可审批制度，以实现对水资源的综合管理，推动地区经济社会发展和生态建设协调发展。在实践中，张掖市制定《张掖市县级行政区水资源管理控制指标》（张政办发〔2014〕101 号）对不同县/区的水资源管理情况进行考核，并在《张掖市落实国家节水行动实施方案》（2019）中对不同县/区未来用水总量控制指标和农田灌溉水有效利用系数做了具体规定，为最严格水资源管理制度考核提供了标准。即在 2015 年全市用水量 23.66 亿立方米、农田灌溉水有效利用系数 0.578 的基础上：到 2020 年，全市农田灌溉水有效利用系数提升至 0.60（具体到县/区：甘州区提升至 0.61、临泽县提升至 0.61、高台县提升至 0.60、山丹县提升至 0.56、民乐县提升至 0.56、肃南县提升至 0.57）、全市用水总量控制在 20.11 亿立方米以内（具体到县/区：甘州区控制在 6.81 亿立方米以内、临泽控制在 4.06 亿立方米以内、高台控制在 3.40 亿立方米以内、山丹县控制在 1.31 亿立方米以内、民乐县控制在 3.64 亿立方米以内、肃南县控制在 0.89 亿立方米以内）；到 2030 年，全市农田灌溉水有效利用系数提高到 0.65（具体到县/区：甘州区要达到 0.66、临泽县要达到 0.66、高台县要达到 0.65、山丹县要达到 0.61、民乐县要达到 0.61、肃南县要达到 0.62）、全市用水总量控制在 20.71 亿立方米以内（具体到县/区：甘州区下降至 7.02 亿立方米以内、临泽县下降至 4.18 亿立方米以内、高台县下降至 3.50 亿立方米以内、山丹县下降至 1.35 亿立方米以内、民乐县下降至 3.75 亿立方米以内、肃南县下降至 0.91 亿立方米以内）。可见，提高灌溉技术效率、加强灌溉用水管理是黑河流域实现可持续水资源管理的关键。

表 3－5 给出了张掖市 2000—2017 年供水和用水结构变动情况。就供水情

况而言，张掖市总供水量历年平均为22.47亿立方米，其中地表水资源量历年平均为18.09亿立方米，地下水资源量历年平均为4.14亿立方米，地表水资源量呈下降趋势，地下水资源量呈略微的上升趋势。按照最严格水资源管理政策目标，供水总量会进一步压缩。就用水情况而言，张掖市农业用水历年平均占比为94.30%，工业用水占比为2.22%、生态用水为1.38%、生活用水为2.10%。特别需要说明的是生态用水，在2005年之前基本是没有生态用水的。农业用水常年占比过高，工业和生活用水基本稳定，生态用水占比呈上升趋势，但是历年平均占比最少，不足以维持当地生态环境建设。可见，张掖市用水结构存在农业用水一头沉的现象，严重挤占其他部门用水，威胁生态安全。

表3-5 2000—2017年张掖市供水和用水结构变动情况

单位：亿立方米

年份	总供水量	#地表水资源量	#地下水资源量	#其他	农业用水占比（%）	工业用水占比（%）	生态用水占比（%）	生活用水占比（%）
2000	21.40	18.40	3.00	0.00	95.79	2.34	0.00	1.87
2001	18.20	15.72	2.49	0.00	94.92	2.50	0.00	2.58
2002	21.85	19.32	2.53	0.00	96.09	1.89	0.00	2.02
2003	18.52	16.23	2.29	0.00	95.69	2.12	0.11	2.08
2005	23.53	19.72	3.19	0.61	92.69	2.04	3.36	1.92
2006	23.44	19.79	3.09	0.57	92.49	2.18	3.31	2.02
2007	23.71	19.68	3.43	0.60	94.84	1.87	1.31	1.98
2008	23.58	19.61	3.38	0.59	94.77	1.83	1.33	2.06
2009	23.78	19.86	3.33	0.59	94.90	1.83	1.33	1.94
2011	23.31	17.12	6.10	0.09	94.42	2.21	1.35	2.02
2012	23.44	17.20	6.16	0.09	94.14	2.48	1.35	2.03
2013	22.99	16.90	6.09	0.00	93.88	3.02	0.93	2.18
2014	23.46	17.67	5.67	0.12	93.99	2.93	0.92	2.16
2015	23.66	17.61	5.92	0.12	93.70	2.55	1.59	2.16
2016	22.80	17.63	5.04	0.14	92.53	2.35	2.86	2.26
2017	21.83	17.07	4.58	0.18	93.92	1.44	2.29	2.35

数据来源：历年《甘肃省水资源公报》。

表 3-6 列出了张掖市开展节水型社会建设以来不同节水技术，如喷滴灌、微灌、低压管灌、渠道防渗和其他节水措施的节水灌溉面积。从表中可以看出，张掖市节水灌溉总面积呈上升趋势，相比 2000 年，2017 年节水灌溉面积增加了 76.11%，其中，喷滴灌的节水面积变动不大，微灌和低压管灌技术灌溉面积呈明显的上升趋势，而渠道防渗节水灌溉面积呈下降趋势，说明张掖市节水型社会建设成果比较显著，节水灌溉技术趋于多元化。近年来，张掖市开展了广泛的高效设施农业项目，提升了灌溉技术水平，提高了水资源的利用效率，增加了节水灌溉面积。但是结合张掖市用水结构、耕地面积的变化来看，在用水总量基本不变的情况下，节省的灌溉用水为耕地开垦提供了条件，农业用水占比并没有明显减少，导致部门间用水矛盾不断升级。

表 3-6 2000—2017 年张掖市节水灌溉面积变动情况

单位：万亩

年份	喷滴灌	微灌	低压管灌	渠道防渗	其他节水措施	合计
2000	4.70	0.35	9.31	141.31	4.10	159.77
2001	5.18	1.07	12.63	147.01	4.10	169.99
2002	5.32	1.88	21.29	146.74	10.29	185.52
2003	5.69	2.49	34.36	150.64	5.15	198.33
2005	6.27	2.58	48.26	156.38	5.21	218.70
2006	6.26	7.46	49.35	97.31	4.16	164.54
2007	3.74	8.19	49.22	108.61	4.40	174.16
2008	6.42	8.55	48.83	93.59	4.16	161.55
2009	6.49	10.51	53.48	94.62	4.32	169.42
2011	4.37	11.03	56.24	136.51	5.45	213.60
2012	4.35	9.58	61.32	95.60	4.60	175.45
2013	1.62	17.69	53.82	95.12	0.06	168.30
2014	2.63	36.53	63.86	92.28	0.00	195.29
2015	3.71	53.22	77.28	99.29	0.06	233.55
2016	5.33	62.60	89.69	111.03	0.06	268.70
2017	5.94	75.44	91.74	0.00	107.85	280.97

数据来源：历年《甘肃省水资源公报》。

3.2.3 典型灌区水资源利用情况

在张掖市实施节水型社会建设之前，不同灌区的用水量受人为因素影响较大，中游和下游灌区的用水量很不均衡，越是处于下游的灌区用水量越少，导致每年一到作物生长需水的关键时期，不同灌区的用水竞争就非常突出。实施节水型社会建设以来，不同灌区根据确定的水权面积分配地表水资源并积极调整作物种植结构，一方面缓解了用水争端，另一方面提升了用水效率。张掖市不同灌区 2000 年、2005 年、2008 年、2013 年和 2018 年来水量的变化见表 3-7。其中，甘州区总用水量呈下降趋势，由 2000 年的 8.39 亿立方米下降至 2018 年的 5.78 亿立方米，特别是 2001 年黑河分水政策实施之后，地表水资源供给量出现大幅度的下降，2005 年的地下水开采量明显增加。随着 2012 年最严格水资源管理制度的实施，甘州区的总用水总量受到了比较大的限制，2013 年和 2018 年甘州区总用水量呈下降趋势，地表水利用量减少，地下水利用量变化并不明显。

临泽县总用水量变动不大，但总体也呈下降趋势，由 2000 年的 3.55 亿立方米下降至 2018 年的 3.14 亿立方米。从表中可以看出，黑河分水对临泽县地下水开采的影响较大，2005 年临泽县地表水用水量比 2000 年下降了 15.56%，地下水开采量增加了 525%，一直到 2008 年，地下水开采一直处于超负荷的状态。2012 年最严格水资源管理制度实施之后，随着地下水资源费的收取，2013 年和 2018 年临泽县对地下水的开采量逐渐减少，地表水用水量基本不变。高台县与临泽县相似，黑河分水使高台县地表水用水量减少，增加了地下水的开采量，相比 2000 年，2005 年地下水开采量增加了 78.38%，2008 年之后高台县地下水开采量呈下降趋势。2013 年之前高台县总用水量基本不变，2013 年之后高台县的总用水量呈明显的下降趋势。

沿山灌区不受黑河分水的影响，其有效灌溉面积主要是依据灌区多年水权面积确定的。随着张掖市节水型社会建设的开展，沿山不同灌区之间的水权制度和用水量得以确定，但是水权制度的实施并没有降低灌溉用水量，也没有使用水效率得到明显的提升，却导致地下水资源被大量开采。从表中数据可以看出，沿山灌区的山丹县和民乐县对地下水的开发程度存在很大差异。其中，甘肃省九大“漏斗区”之一的山丹县的地下水用量占用水总量的历年平均比例大概为 33%，2008 年的占比高达 43%，近年来有下降的趋势，可能是受到地下水资源费的影响。民乐县地下水开发利用程度虽然低于山丹县，但近年来也呈上升趋势。根据民乐县调研情况，其机井数量从 2000 年的 41 眼增加到了 2018 年的 335 眼，2018 年地下水开采量相比 2000 年则增加了 420%，这样的情况需要得到重视，以防止地下水位下降带来的生态恶化问题。此外，甘州区的安阳和花寨子灌区与高台县的新坝灌区虽然位于沿山灌区，但是由于这些灌区的海拔较高、地下水位较高，难以引用地下水，所以其用水是以地表水为主。

表 3-7　张掖市县/区水资源利用情况

单位：亿立方米

灌区	县/区	2000年			2005年			2008年		
		总用水量	地表水	地下水	总用水量	地表水	地下水	总用水量	地表水	地下水
黑河灌区	甘州区	8.39	6.96	1.43	7.54	5.71	1.83	7.27	5.81	1.45
	临泽县	3.55	3.47	0.08	3.43	2.93	0.50	3.25	2.77	0.48
	高台县	3.66	2.92	0.74	3.64	2.32	1.32	3.74	2.71	1.03
梨园河灌区	临泽县	1.38	1.34	0.04	1.36	1.30	0.06	1.45	1.37	0.08
沿山灌区	山丹县	1.11	0.73	0.38	1.46	1.03	0.43	1.45	0.83	0.62
	民乐县	2.33	2.28	0.05	3.65	3.53	0.12	3.32	3.14	0.18
	甘州区	0.38	0.38	0.00	0.41	0.41	0.00	0.36	0.36	0.00
	高台县	0.47	0.47	0.00	0.41	0.41	0.00	0.79	0.79	0.00

灌区	县/区	2013年			2018年		
		总用水量	地表水	地下水	总用水量	地表水	地下水
黑河灌区	甘州区	6.64	5.22	1.42	5.78	4.38	1.40
	临泽县	3.40	3.10	0.30	3.14	2.89	0.25
	高台县	4.02	2.43	1.04	2.96	2.21	0.75
梨园河灌区	临泽县	1.49	1.42	0.07	1.40	1.35	0.05
沿山灌区	山丹县	1.65	1.12	0.53	1.23	0.85	0.38
	民乐县	3.37	2.83	0.54	3.59	3.33	0.26
	甘州区	0.32	0.32	0.00	0.30	0.30	0.00
	高台县	0.74	0.74	0.00	0.52	0.42	0.10

数据来源：张掖市不同年份各县/区灌溉管理年报。

3.3 水资源利用的可持续性分析

要探讨黑河流域可持续水资源管理问题，就需要对当前的水资源管理是否具有可持续性进行分析。通过介绍黑河流域水资源利用情况，发现目前的水资源管理政策仍存在无法规避高效灌溉技术带来的节水反弹和无法促进部门间用水转移等问题，具体如下：

（1）水资源过度开发且利用效率较低

黑河流域历年水资源开发利用率为134.44%，远超国际上公认的水资源开发利用率安全警戒线（40%）。作为黑河流域水资源的主要消耗区域，张掖市的用水量占整个黑河流域来水量的70%左右，但是其2018年的万元GDP用水量为520立方米，是全国水平的7.76倍、甘肃省的3.82倍。这说明黑河流域的水资源长期处于过度开发利用的状态，并且主要消耗区经济增长方式比较粗犷，水资源利用效率较低，在水资源供需矛盾不断升级的情况下，水资源匮乏必然成为未来制约经济社会发展的主要瓶颈，只有严格限制水资源利用总量并提升水资源利用效率才能促进水资源的可持续利用。

（2）农业用水占比过高且存在浪费现象，部门间用水矛盾突出

就张掖市历年用水结构来看，农业用水历年平均占比为94.30%，工业用水为2.22%、生态用水为1.38%、生活用水为2.10%，农业部门严重挤占了其他部门的用水量，工业和生活用水历年占比相对稳定，但是生态用水不仅占比最低，在2005年之前基本没有给生态用水分配用水量，可见部门间的用水矛盾比较突出。此外，张掖市万元第一产业增加值用水量远高于甘肃省和全国的平均水平，说明农业用水效率也是比较低的。虽然张掖市实施节水型社会建设以来，由于高效灌溉技术的实施，节水灌溉面积在不断增加，但很多大田作物仍然以漫灌为主要的灌溉方式，这必然会造成水资源的浪费。与此同时，不同灌区在自然耕种条件、水利基础设施建设、作物种植结构、灌溉水源等方面存在明显差异，这些因素也会影响水资源利用效率的提升。

（3）节水反弹阻碍水资源可持续利用，相关政策亟待完善

张掖市开展节水型社会建设以来，通过推广节水灌溉技术和调整作物种植结构等，使农业用水效率得到很大提升（程清平等，2020）。但是高效灌溉技术不能达到自动节水的目的，农户作为灌溉用水的使用者，为了追求利益最大化，会将节省的灌溉用水重新用于农业生产中。据统计资料显示，张掖市2000—2018年农作物总播种面积由275.43万亩增加至492.5万亩，增长了近80%，但农业用水量并没有减少，伴随着绿洲面积的不断扩张，农业用水出现不降反增的反弹效应（李希等，2015；蒙吉军等，2017），不仅在很大程度上削弱了高效灌溉技术的成效，不利于水资源利用效率的提升，还使部门间用水矛盾激化。为了实现水资源的高效利用和地区经济社会的协调发展，需要完善水资源管理政策，规避节水反弹。

（4）绿洲扩张威胁生态安全

通过对黑河干流不同县/区作物种植结构的对比发现，不同县/区的农作物播种面积均呈上升趋势，农户将高效灌溉技术节省的灌溉用水用于开垦耕地的行为使得中游绿洲沙漠过渡带面积不断萎缩。特别是黑河分水以来，不同县/区加强了对地下水的开采，使绿洲沙漠过渡带出现土地沙化、沙尘暴天气、公益林面积减少、地下水水位下降等生态环境问题，严重威胁生态安全。可见，黑河流域有限的水资源不仅具有提供生产和生活资料的经济功能，还承担着调节气候、净化环境、保持水土、维持生物多样性等生态服务功能。未来，在不断压缩用水总量的情况下，农业部门和生态部门的用水矛盾将不断加剧，要解决这一问题，就要将农业用水转移给生态部门，以促进水资源的可持续管理。

（5）促进农业用水转移的生态补偿机制有待构建

生态补偿是保护生态环境和协调经济社会发展的重要政策保障。目前，黑河流域还没有建立促进农业用水转移为生态用水的生态补偿机制。虽然张掖市政府在《关于张掖市健全生态保护补偿机制的实施意见》中明确指出要“对黑河中游地区因调水造成的生态用水不足、农业结构性调整、发展高效节水设施予以补偿”，《黑河流域管理条例》（2018）等立法文件也将生态调水、生态补偿制度构建作为黑河流域管理的终极目标，但是在实践中还没有形成相对健全的生态补偿机制，主要原因可能是无法确定转移农业用水的数量，所以无法确定给予农户的补偿标准。为了解决黑河流域可持续水资源管理面临的农业用水严重挤占生态用水导致地区生态环境恶化的现实问题，为了促进地区经济社会和生态建设的协调发展，本书尝试弥补这一空白。

综上可知，农户作为农业用水的直接使用者，其行为决策会在很大程度上影响政策实施成效，而提高用水效率、规避农业节水反弹和转移农业用水都离不开农户的参与和支持。所以，水资源转移政策不仅要以实现水资源可持续利用为目标，还要注重地区经济社会的可持续发展。

3.4 调研说明

基于研究区经济发展、作物种植结构和水资源利用情况，结合水资源可持续利用面临的问题和研究目标，本书所需的数据涉及两个方面：

一方面，宏观数据主要包括张掖市五个县/区（除肃南县）第一产业的经济发展指标、不同乡/镇和村庄的人口变动指标、耕地面积变动情况、水资源利用情况等，主要通过走访调查的方式搜集2000—2018年甘肃省水资源公报、张掖市及各县/区统计年鉴、张掖市及各县/区水务局、不同县/区和乡/镇政府部门以及村委会相关统计数据。

另一方面，微观层面的实地调研数据搜集包括2013年黑河中游典型灌区农户农牧业生产与投入、家庭消费情况调查（附录1）和黑河中游绿洲边缘区转移灌溉用水的农户受偿意愿调查问卷（附录2）两部分，都采用面对面的农户访谈形式获得数据，是一个复杂而烦琐的过程，需要在调研之前使调研人员充分了解调研内容和研究目的并掌握与农户沟通的技巧，另外调研时间尽量选择农忙时节，这样有利于提高问卷有效性。为了搜集相关数据，笔者团队于2014年和2019年开展了两次农户调研。其中，2014年4—9月开展的黑河中游典型灌区农户农牧业生产与投入、家庭消费情况调查是为测度典型灌区主要农作物，如制种玉米、大田玉米、棉花、玉米套小麦、制种西瓜、小麦、大麦、马铃薯等是否存在节水空间，并为BEM模型的构建提供数据集。这次调研的主要内容是：农户家庭基本信息、2013年农户种植业生产投入情况、2013年农户畜牧业生产投入基本情况、农户家庭消费情况等。2019年7—8月的调研是在对不同作物每亩可以节省的灌溉水量进行测度和模拟农户行为政策响应情况的基础上，根据两阶段二分式CVM设计调查问卷，询问农户将节省的灌溉用水转移给本地生态部门的受偿意愿。

农户调研采用了分层随机抽样的方法。其中，分层是为了确保选择的调研样本点覆盖的典型区域具有代表性，以全面反映不同农业种植结构类型区的特征；随机抽样是在确定调查乡/镇之后，随机选取样本村和农户，以保证样本的独立性和代表性，更好地反映总体特征。具体地，根据不同农业种植结构类型区对调查乡/镇进行分层，选取具有代表性的样本点。其中，平原灌区选择甘州区制种玉米种植区小满乡和近郊的蔬菜种植区长安乡，北部荒漠灌区选择了高台县棉花大田玉米种植区罗城乡，沿山灌区选择了民乐县油料胡麻种植区三堡镇。然后，采取随机抽样方法对典型样本点和农户进行面对面调查。按照同样的抽样方法，结合具体问题，对农户受偿意愿选择位于黑河中游绿洲边缘区的不同农业种植结构类型区进行调研。其中，平原灌区选择种植制种玉米和大田玉米的临泽县平川镇、蓼泉镇，北部荒漠灌区选择了种植制种西瓜的高台县罗城乡。根据 CVM 调查问卷的大样本和不同初始投标值对应的调查问卷数量要基本一致的特征，就选定的典型作物种植类型区，在随机发放问卷的前提下，采用随机抽样方法选取样本村和农户进行面对面调查，以保证问卷的质量和效率。

逻辑上，这两次农户调研是相互联系、相互作用、层层递进的关系，主要表现为：2019 年问卷的核心问题，即主要农作物每亩可以节省多少用水量是基于 2014 年农户调研数据测度的结果设计的；在调研样本选择上具有传承性，即 2019 年调研样本点也是在 2014 年的基础上进一步选择的，保证空间上不同样本点的主要农作物种植结构特征存在连贯性、农户生产行为存在相似性，以便分析。此外，为了使 BEM 模型能够反映灌区现实情况并为进一步开展农户受偿意愿的调研奠定基础，2018 年 8 月笔者结合之前的调研情况对张掖市甘州区、高台县和民乐县的部分村庄和农户进行了回访，发现农户种植结构、牲畜养殖情况、灌溉情况、土地开垦情况等与 2014 年调研时相比没有明显的变化，累进加价的水价政策正在推行，这为下一步调试模型提供了现实依据。

3.5　本章小结

本章首先对 2000—2018 年中 5 个代表年份的主要经济社会发展指标和农作物种植结构变动情况进行对比，发现张掖市目前仍处于扩大经济总量、调整种植结构、加快发展的重要时期，而水资源短缺已经成为制约地区经济发展的主要瓶颈；张掖市节水型社会建设取得显著成果，不同县/区的作物种植结构差异都明显得到了优化调整，但农作物播种面积呈明显的上升趋势。

其次，通过对黑河流域水资源利用情况、中游张掖市和典型灌区水资源供需情况和用水结构的分析，发现流域可持续水资源管理仍面临水资源过度开发且利用效率较低，农业用水占比过高且存在浪费现象，部门间用水矛盾突出，节水反弹阻碍可持续流域管理，相关政策亟待完善，绿洲扩张威胁生态安全，促进农业用水转移的生态补偿机制有待构建等问题。

最后，对调研情况进行了说明，指出了本研究两次农户调研的背景和目的，揭示了两次农户调研在逻辑上的递进关系和在样本点选择上的传承性，为后续研究奠定基础。

4 基于农户行为的黑河流域农业节水潜力研究

4.1 引言

近年来，随着黑河流域人口的急剧增加和经济社会的快速发展，社会经济发展所需要的用水量持续增长，然而水资源供给却无法满足这一增长。特别是在水资源管理“三条红线”的约束下，中游地区水资源供应量不断被压缩，导致部门间的用水矛盾进一步激化。农业部门作为用水大户，历年平均用水占比高达94%，但水资源利用效率不高，且在灌溉过程中存在浪费现象。提高灌溉技术效率、压缩农业用水并将节省的灌溉用水转移给其他部门是促进水资源优化配置、践行最严格水资源管理制度的必然选择（王晓君，石敏俊，王磊，2013；Li，Wang，Shi，2015）。农户作为农业灌溉用水的使用者，其生产行为会在很大程度上决定灌溉用水的利用情况（钟方雷，杨肖，郭爱君，2017）。因此，有必要从农户行为的角度研究黑河流域主要农作物的灌溉技术效率，以判定农业节水潜力。

本书以张掖市沿山灌区、平原灌区、北部荒漠灌区为主要研究区域，以种植主要农作物的农户为调研对象，根据2013年农户作物投入产出调研数据和相关统计数据，基于灌溉技术效率的概念，构建投入导向的子矢量DEA-CCR模型，来客观测度黑河流域典型灌区主要农作物的灌溉技术效率，以判定农业节水潜力。在此基础上，构建Tobit模型分析农户人口社会学特征、管理水平、耕作意愿及面对风险的态度等因素对作物灌溉技术效率提升的影响，以期为提高农业用水效率、缓解部门间用水矛盾、改进流域水资源管理政策和促进节水型社会建设提供科学借鉴。

4.2 农户调查与数据说明

为了测度平原灌区制种玉米和大田玉米、北部荒漠灌区棉花、制种西瓜、玉米套小麦以及沿山灌区小麦、马铃薯、大麦等种植面积占比较大的农作物是否存在节水空间，并为第5章构建BEM模型提供数据集，本书将平原灌区甘州区、北部荒漠灌区高台县和沿山灌区民乐县界定为本章和第5章的主要研究区域。这3个县/区涵盖了黑河流域绿洲、荒漠、高山的地貌特征，且2013年GDP的总和还占张掖市GDP总量的约70%、户籍人口总和占比约为73%、耕地面积总和占比为67.72%、农业用水占比约为75%。其自然特征见表4-1。

表4-1　张掖市典型县/区自然特征差异

自然特征	甘州区	高台县	民乐县
气候特征	基本都属于温带大陆性气候，但不同地区会有些许差异，对种植结构会产生一定程度的影响		
平均海拔（米）	1 474	1 300	2 003
年均降水量（毫米）	113～120	125～160	351
日照时数（小时）	3 085	川区：3 088；山区：2 683	2 592～2 997
耕地面积（万亩）	86.34	31.93	92.78
年径流量（亿立方米）	24	13.1	3.8

为了全面反映典型灌区种植不同作物的农户投入产出特征，本书选择甘州区小满镇小满村、店子闸村、康宁村和甘州区长安乡八一村、前进村、万家墩村、河满村、洪兴村，高台县罗城乡罗城村、河西村、花墙子村，民乐县三堡镇三堡村和韩庄村等4个乡/镇的13个村庄为典型样本点，于2014年6—9月对典型样本点开展了3次农户调查。调查的主要内容包括农户家庭基本信息、2013年农户种植业生产投入情况、2013年农户畜牧业生产投入基本情况、农户家庭消费情况等（详见附录1），共收集到1 402份有效调查问卷。其中，甘州区长安乡典型村共331份（占比23.61%），甘州区小满镇典型村共392份（占比27.96%），高台县罗城乡典型村共320份（占比22.82%），民乐县三堡镇典型村共359份（占比25.61%）。

平原灌区、北部荒漠灌区和沿山灌区农作物种植结构存在较大的差异。其中，平原灌区（甘州大满和盈科灌区）以种植制种玉米和大田玉米为主，种植结构相对单一；北部荒漠灌区（高台罗城灌区）因靠近戈壁边缘，地下水位高，土壤盐碱化严重，因此以种植棉花、玉米套小麦、制种西瓜为主；沿山灌区（民乐益民灌区）则以种植小麦、马铃薯、大麦、大田玉米等为主。根据研究要求，按照作物种植情况对农户问卷进行整理，具体见表4-2。在此基础上，本书进一步分析整理了不同灌溉技术的问卷情况，见表 4－3，从表中可以看出 94%的农户都是采用漫灌技术进行灌溉。

表 4－2　张掖市典型灌区主要农作物样本点调研情况

单位：份

灌区类型		平原灌区		北部荒漠灌区	沿山灌区
调研乡/镇		甘州区小满镇	甘州区长安乡	高台县罗城乡	民乐县三堡镇
调研问卷总份数		392	331	320	359
主要种植作物：	制种玉米	354			
	大田玉米		138		96
	棉花			99	
	玉米套小麦			187	
	制种西瓜			81	
	小麦				272
	马铃薯				82
	大麦				119

表 4－3　张掖市典型灌区主要农作物调研问卷分布情况

单位：份

灌区类型	作物类型	采用漫灌技术问卷数量	采用滴灌技术问卷数量
平原灌区	制种玉米	327	0
	大田玉米	128	11
北部荒漠灌区	棉花	115	10
	制种西瓜	88	0
	玉米套小麦	201	6
沿山灌区	小麦	256	0
	马铃薯	80	0
	大麦	115	0
	大田玉米	91	0

此外，笔者搜集了张掖市不同县/区的统计年鉴和相关水资源统计数据，得到主要年份不同灌区农村基本情况，见表 4－4；笔者获悉，2013 年甘州大满灌区斗口引水量为 1.07 亿立方米，甘州盈科灌区斗口引水量为 0.87 亿立方

米，高台罗城灌区斗口引水量为 0.49 亿立方米，民乐益民灌区则主要依靠水库供水；核算了 2013 年典型县/区地表水水价，为 0.12 元/立方米，地下水水价约为 0.1 元/立方米，为进一步分析奠定了基础。

表 4-4　张掖市不同县/区农村发展指标变动情况

年份	县/区	户数（万户）	乡村人口（万人）	农村劳动力（万人）	农民人均纯收入（元）	大牲畜数量（万头）	有效灌溉面积（万亩）
2000	甘州区	8.89	34.56	20.49	2 951	17.07	68.45
	临泽县	3.15	12.08	5.71	2 825	6.40	23.65
	高台县	3.38	12.99	7.30	2 600	24.18	29.79
	民乐县	5.27	21.58	12.31	2 100	35.34	63.71
	山丹县	3.62	14.62	7.70	2 765	30.47	31.99
2005	甘州区	9.05	34.64	22.76	3 947	22.39	68.40
	临泽县	3.24	12.23	6.72	3 821	8.83	28.33
	高台县	3.39	13.00	7.54	3 782	29.17	26.90
	民乐县	5.37	21.76	12.68	2 900	46.95	64.56
	山丹县	3.79	14.99	8.32	3 443	45.83	33.36
2008	甘州区	9.11	34.49	23.78	4 763	25.97	70.39
	临泽县	3.29	12.18	7.69	4 628	10.30	28.36
	高台县	3.42	12.86	7.94	4 545	29.91	29.31
	民乐县	5.45	21.47	12.77	3 500	36.94	64.56
	山丹县	3.82	15.28	8.50	4 197	45.68	33.36
2013	甘州区	9.96	35.25	25.20	8 959	33.05	86.34
	临泽县	3.42	12.11	7.74	9 004	12.87	39.88
	高台县	3.71	13.05	8.10	8 511	46.35	30.51
	民乐县	5.53	21.94	12.99	7 202	42.32	64.66
	山丹县	3.90	15.25	8.85	8 269	64.66	35.77
2017	甘州区	10.34	35.68	24.23	13 192	34.73	98.02
	临泽县	3.50	12.09	8.02	13 413	14.11	41.69
	高台县	4.00	13.05	8.26	12 667	54.81	35.81
	民乐县	5.74	22.50	13.05	10 824	47.76	66.11
	山丹县	4.27	15.28	9.20	12 244	72.85	39.30

数据来源：各县/区相应年份统计年鉴，2017 年数据通过 2019 年调研进行补充。

4.3 指标选取与模型构建

4.3.1 作物投入产出指标选取

为了保证决策单元之间的可比性和相似性，本书以不同农户对灌区内主要农作物投入和产出情况的调研样本作为矢量 DEA－CCR 模型的决策单元，在对不同灌区的自然因素、耕种条件、主要农作物种植结构、主要农产品市场价格波动情况等因素进行控制的基础上，测度典型作物灌溉技术效率。鉴于在农业生产过程中土地、灌溉用水、劳动力和资金等生产要素之间是相互制约、相互影响的，研究中均采用作物单位面积的投入和产出数据，即将单位面积的土地投入作为固定投入要素、灌溉用水和其他投入作为可变投入要素纳入模型。具体地，产出指标为作物亩均产量，投入指标包括单位面积土地灌溉用水、劳动力、种子、化肥、农药、农机以及地膜投入。表 4－5 和表 4－6 为典型灌区主要农作物的投入产出指标的统计特征。表 4－7 为投入产出指标的方差膨胀因子，从表中可以看出，典型灌区主要农作物的投入产出指标的方差膨胀因子均不超过 5，说明本书选取的投入产出指标之间不存在多重共线性的问题。

表 4－5 典型灌区主要作物投入产出指标描述性统计

灌区	作物类型和指标		劳动力投入（天/亩）	灌溉用水（立方米/亩）	种子投入（元/亩）	农药投入（元/亩）	地膜投入（元/亩）	化肥投入（元/亩）	农机投入（元/亩）	作物产出（公斤/亩）
平原灌区	制种玉米	平均值	7.55	807.20	71.97	49.00	38.59	256.45	100.10	962.10
		最大值	25.00	1 146.67	120.00	200.00	75.60	433.28	400.00	1 400.00
		最小值	2.50	537.50	40.00	0.00	0.00	64.02	0.00	450.00
		标准差	7.22	788.33	72.00	50.00	37.20	258.36	105.00	1 000.00
	大田玉米	平均值	7.13	721.06	66.60	46.69	51.84	254.98	194.73	747.06
		最大值	30.67	1 600.00	135.00	260.00	120.00	634.87	555.00	1 300.00
		最小值	1.22	333.33	16.00	0.00	0.00	0.00	0.00	500.00
		标准差	6.00	666.67	64.00	30.00	60.00	267.68	220.00	750.00

（续）

灌区	作物类型和指标		劳动力投入（天/亩）	灌溉用水（立方米/亩）	种子投入（元/亩）	农药投入（元/亩）	地膜投入（元/亩）	化肥投入（元/亩）	农机投入（元/亩）	作物产出（公斤/亩）
北部荒漠灌区	棉花	平均值	13.73	432.33	87.22	37.38	49.63	215.76	53.13	156.32
		最大值	53.00	610.00	200.00	300.00	78.00	450.00	400.00	350.00
		最小值	5.00	401.67	24.00	0.00	30.00	0.00	0.00	55.50
		标准差	11.00	427.00	84.00	30.00	48.00	189.36	0.00	150.00
	制种西瓜	平均值	6.32	437.99	40.97	63.93	18.31	248.04	34.89	31.07
		最大值	29.00	610.00	150.00	300.00	70.00	774.58	180.00	58.00
		最小值	1.75	406.67	10.00	0.00	0.00	0.00	0.00	10.00
		标准差	4.50	423.95	39.75	50.00	0.00	227.53	0.00	30.25
沿山灌区	小麦	平均值	3.38	431.42	113.59	12.10	0.00	186.00	73.13	484.28
		最大值	32.25	1333.33	176.00	50.00	0.00	418.62	200.00	600.00
		最小值	0.88	254.17	76.00	0.00	0.00	0.00	0.00	300.00
		标准差	2.33	381.25	112.00	10.00	0.00	175.44	80.00	500.00
	马铃薯	平均值	11.70	417.37	441.81	37.16	53.82	255.44	80.44	2 588.13
		最大值	56.50	666.67	640.00	150.00	195.00	596.27	250.00	4 000.00
		最小值	0.79	254.17	245.00	0.00	0.00	90.81	0.00	1 000.00
		标准差	9.80	381.25	455.00	20.00	46.80	243.10	80.00	2 500.00
	大麦	平均值	3.61	416.98	78.00	12.19	0.00	186.23	65.74	490.00
		最大值	12.67	1 047.92	98.67	50.00	0.00	472.76	190.00	650.00
		最小值	1.00	254.17	30.00	0.00	0.00	0.00	0.00	400.00
		标准差	3.00	305.00	80.17	10.00	0.00	181.15	50.00	500.00
	大田玉米	平均值	7.49	517.45	60.31	11.67	34.04	211.75	39.07	575.27
		最大值	27.00	1 575.00	220.00	50.00	169.00	468.84	230.00	800.00
		最小值	1.17	203.33	10.00	0.00	0.00	0.00	0.00	400.00
		标准差	7.00	381.25	50.00	10.00	39.00	199.62	40.00	600.00

表 4-6 北部荒漠灌区玉米套小麦投入产出指标描述性统计

投入产出指标	平均值	最大值	最小值	标准差
玉米劳动力投入（天/亩）	6.36	35.00	0.80	5.00
小麦劳动力投入（天/亩）	5.10	25.00	1.14	4.00
灌溉用水（立方米/亩）	440.97	854.00	254.17	424.97
玉米种子投入（元/亩）	49.80	180.00	27.00	45.00
小麦种子投入（元/亩）	67.76	91.80	30.60	61.20
农药投入（元/亩）	39.06	300.00	0.00	30.00
地膜投入（元/亩）	10.30	65.00	0.00	0.00
化肥投入（元/亩）	246.87	567.43	0.00	242.87
农机投入（元/亩）	25.02	210.00	0.00	0.00
玉米产量（公斤/亩）	465.66	700.00	225.00	500.00
小麦产量（公斤/亩）	313.95	500.00	200.00	300.00

表 4-7 张掖市典型灌区主要农作物投入产出指标方差膨胀因子（VIF）

灌区	作物类型	土地投入	劳动力投入	灌溉用水	种子投入	农药投入	地膜投入	化肥投入	农机投入
平原灌区	制种玉米	—	1.05	1.06	1.06	1.02	1.03	1.08	1.05
	大田玉米	—	1.13	1.04	1.18	1.07	1.20	1.09	1.08
北部荒漠灌区	棉花	—	1.05	1.15	1.15	1.13	1.26	1.23	1.36
	制种西瓜	—	1.08	1.14	1.06	1.07	1.17	1.10	1.06
	玉米套小麦	—	2.32	1.19	1.02	1.04	1.11	1.29	1.10
沿山灌区	小麦	—	1.06	1.01	1.05	1.10	1.05	1.07	1.08
	马铃薯	—	1.14	1.08	1.16	1.05	1.10	1.05	1.18
	大麦	—	1.09	1.07	1.24	1.33	—	1.26	1.05
	大田玉米	—	1.02	1.03	1.12	1.06	1.19	1.09	1.10

4.3.2 子矢量 DEA 模型构建与指标说明

1994 年，Färe、Grosskopf 和 Lovell 提出了“Sub - vector Efficiency”，即子矢量效率，为计算单个投入要素的技术效率提供了理论依据。鉴于此，本书引入灌溉用水的子矢量效率测度模型，即在作物产出和其他生产投入要素均不变的情况下，由灌溉用水最少的农户组成代表生产技术最有效的生产前沿面，对农户灌溉技术效率的测算实际上就是度量农户用水量与所对应生产前沿面上的生产有效率农户用水量的差异程度（Lansink，Silva，2004）。Hu 等学者认为，单一投入要素技术效率模型更贴近农户现实生产情况，因为对于短期生产函数而言，很多生产要素（如劳动力、土地）是不发生变化的。

假设一组共有 n 个 DMU 的技术效率，计为 DMU_j（$j=1$，2，3，…，n）；每个 DMU 有 m 种投入，计为 x_i（$i=1$，2，3，…，m），投入的权重表示为 v_i（$i=1$，2，3，…，m）；有 q 种产出，计为 y_r（$r=1$，2，3，…，q），产出的权重指标为 u_r（$r=1$，2，3，…，q）。基于投入导向的 DEA－CCR 方法构建灌溉技术效率模型：

$$
\begin{aligned}
&\min \theta^{w} \\
&\text{s. t.} \\
&\sum_{j=1}^{n} \lambda_j y_{rj} \geqslant y_{rj} \\
&\sum_{j=1}^{n} \lambda_j x_j^{w} \leqslant \theta^{w} x_j^{w} \\
&\sum_{j=1}^{n} \lambda_j x_j^{m-w} \leqslant x_j^{m-w} \\
&\lambda \geqslant 0 \\
&i=1, 2, 3, \cdots, m;\ r=1, 2, 3, \cdots, q;\ j=1, 2, 3, \cdots, n
\end{aligned}
\tag{4-1}
$$

式（4－1）中，模型的最优解 θ^w 代表作物灌溉技术效率值，取值范围为（0，1]，$\theta^w=1$ 意味着决策单元 DMU 位于生产前沿面上，是技术有效的；λ 是 $N\times1$ 阶常数向量，表示 DMU 的线性组合系数；第一个约束条件确保第 j 个农户的作物产量小于生产边界上该作物的产量；第二个约束条件是仅对灌溉用水进行的约束；第三个约束条件是对除了灌溉用水之外的其他投入要素的约束。

4.3.3 Tobit 模型构建

Tobit 模型是处理“受限被解释变量”问题的，即被解释变量的取值范围可能受到限制，被压缩在某个区间内。由于测度的作物灌溉技术效率值被压缩在 0 和 1 之间，可以根据 Tobin（1958）最早提出的 Tobit 回归构建模型，具体如下：

$$\ln TECI_{ij} = \beta_0 + \beta_1 \ln AGE_{ij} + \beta_2 D1_{ij} + \beta_3 \ln AL_{ij} + \beta_4 \ln FLA_{ij} + \beta_5 \ln SI_{ij} + \beta_6 \ln D2_{ij} + \beta_7 D3_{ij} + \beta_8 \ln IN_{ij} + \beta_9 (\ln IN)^2_{ij} + \beta_{10} D4_{ij} + \beta_{11} D5_{ij} + \beta_{12} D6_{ij} + \beta_{13} \ln AIR_{ij} + \beta_{14} \ln CT_{ij} + \beta_{15} \ln CP_{ij} + \varepsilon_{ij}$$

$$TECI_{ij} \begin{cases} 0, & TECI_{ij} \leqslant 0 \\ \ln TECI_{ij}, & 0 < TECI_{ij} \leqslant 1 \\ 1, & TECI_{ij} > 1 \end{cases} \tag{4-2}$$

式中，i 和 j 表示灌区和农户（$i=1, 2, 3$；$j=1, 2, 3, \cdots, n$），$TECI$（Technical Efficiency of Crop Irrigation）为作物灌溉技术效率，ε 为误差项，β 为待估参数。

为了研究灌溉技术效率与其他影响因素的关系，结合相关文献（Wang，2010；Dhehibi，Lachaal，Elloumi，2007；Frija，Chebil，Speelman，2009；许朗，黄莺，2012；Coventry，Poswal，Yadav，2015）和调研情况对影响变量进行了筛选，从农户人口社会学特征、农户生产管理特征以及农户耕作意愿及对风险态度等方面选取相关变量。具体变量及含义见表 4-8。

农户人口社会学特征变量（控制变量）。一般认为户主的年龄越大，其种植经验越丰富，越有利于作物灌溉技术效率的提升，所以选择户主年龄的对数（ln*AGE*）作为变量；户主受教育水平（*D*1）主要反映的是农户学习能力对作物灌溉技术效率的影响，一般认为农户学历越高，接受新事物和学习的能力越强，越有助于提升作物灌溉技术效率；家庭农业劳动力人数（ln*AL*）旨在反映农户家庭农业劳动力数量对作物灌溉技术效率的影响，一般认为农户家庭农业劳动力越多，越有利于农业生产的精细化管理，在一定程度上能够提升作物灌溉技术效率（Dhehibi，Lachaal，Elloumi，2007）。

农户生产管理特征变量。农户的生产管理水平主要体现在作物生长过程中农户对耕地、灌溉用水、种子和化肥等生产要素的管理上。

其中，耕地特征，如作物种植面积、耕地质量、耕地的集中程度都会影响农户的生产管理水平（Speelman，Haese，Buysse，2008；黄祖辉，王建英，陈志钢，2014）。所以，选择农户耕地面积的对数（ln*FLA*）来反映农户经营规模大小对作物灌溉技术效率的影响，一般小规模经营的农户作物灌溉技术效率相对较高，因为种植规模越小越有助于农户进行精细化管理（杨肖，钟方雷，郭爱君，2017）；选择农地细碎化程度的对数（ln*SI*）来反映农户农地规模在空间上的分散程度对作物灌溉技术效率的影响，一般农地在空间上越集中越有利于农户采取节水灌溉措施，越有利于提升作物灌溉技术效率（沈陈华，冯电军，王旭姣，2012）；耕地质量（*D*2）主要是指耕地的保水保肥特性、平整程度以及沙化和盐碱化水平，在其他条件不变的情况下，耕地质量越好产量越高、水资源利用效率越高。

表 4-8　典型灌区主要作物灌溉技术效率主要影响变量及其含义

变量类型	影响因素	变量名	具体含义
农户人口社会学特征	户主年龄	ln*AGE*	反映农户种植经验对灌溉技术效率的影响
	户主受教育水平	*D*1	*D*1=1 表示户主接受过初等及以上教育；否则 *D*1=0
	家庭农业劳动力人数	ln*AL*	反映家庭农业劳动力数量对灌溉技术效率的影响
农户生产管理特征	农户耕地面积	ln*FLA*	反映家庭农业生产规模对灌溉技术效率的影响
	农地细碎化程度	ln*SI*	用辛普森多样性指数（Simpson Index，SI）的对数表示农地细碎化程度，反映农户耕地空间集中程度的对数对灌溉技术效率的影响
	耕地质量	*D*2	*D*2=1 为好地；*D*2=0 为差地
	灌溉水源	*D*3	*D*3=1 为井水灌溉；*D*3=0 为河水灌溉
	灌溉次数 灌溉次数的二次项	ln*IN* $(\ln IN)^2$	作物灌溉次数的对数和作物灌溉次数对数的二次项，验证灌溉次数与灌溉技术效率之间的关系
	种子类型	*D*4	*D*4=1 为有使用杂交种的情况；否则 *D*4=0
	化肥使用量	*D*5	*D*5=1 为作物化肥使用量大于灌区内同种作物的平均使用量；否则 *D*5=0
农户耕作意愿及对风险态度	土地流入	*D*6	*D*6=1 为农户有土地流入情况；否则 *D*6=0。反映耕作需求的影响
	家庭农业收入占比	ln*AIR*	反映家庭对农业收入的依赖是否会影响灌溉技术效率
	作物种类数	ln*CT*	反映农户对待风险的态度对灌溉技术效率的影响
	作物价格	ln*CP*	反映市场风险对灌溉技术效率的影响

灌溉特征主要是指灌溉用水是否容易获得以及农户是否根据作物生长需求

进行灌溉，而不是为了提高作物的产量盲目增加灌溉次数。相应的指标有：灌溉水源（$D3$）反映井水对作物灌溉技术效率的影响，由于井水在使用上比较灵活，能够根据作物的生长需求进行适时灌溉，可能会在一定程度上提高作物灌溉技术效率；灌溉次数的对数（$\ln IN$）的引入旨在通过散点图发现灌溉次数与灌溉技术效率之间存在“倒U形”关系，引入灌溉次数对数的二次项［$(\ln IN)^2$］来分析超出作物生长需求的灌溉次数能否提升作物灌溉技术效率。

最后，种子和化肥等生产要素的选择是农户生产管理水平高低的主要体现，本书引入虚拟变量 $D4$ 和 $D5$ 来反映种子类型和化肥使用量对作物灌溉技术效率的影响。其中，种子类型（$D4$）主要体现在小麦选种过程中，一般认为杂交种能够抵御病虫害，更有利于提升灌溉技术效率；水和肥之间的关系比较复杂，存在互相促进、叠加和拮抗等多种效应，本书选择化肥使用量（$D5$）研究化肥对作物灌溉技术效率的影响。

农户耕作意愿及对风险态度变量。土地流入（$D6$）旨在反映农户扩大生产规模的意愿是否会对作物灌溉技术效率产生影响，一般认为农户扩大农业生产的意愿越强烈，其管理水平越高（Coventry，Poswal，Yadav，2015）；家庭农业收入占比的对数（$\ln AIR$）旨在反映农户收入对农业的依赖程度是否会对作物灌溉技术效率产生影响；农户种植农作物种类数的对数（$\ln CT$）旨在反映农户对待经营风险的态度，种植的作物种类数越多，说明该农户越倾向于规避风险，不愿将鸡蛋都放在同一个篮子里，而这种行为会对作物灌溉技术效率产生一定的影响；作物价格的对数（$\ln CP$）反映农户对作物价格的敏感程度，即同种作物的价格在不同农户间微小的差异是否会对作物灌溉技术效率产生影响。

经检验，主要影响变量之间的方差膨胀因子（VIF）均不超过5，说明变量之间不存在多重共线性；模型扰动项服从正态分布，通过对相关变量进行取对数处理并采用稳健检验等方式来降低异方差。

4.4　结果与讨论

4.4.1　灌溉技术效率结果说明

在MaxDEA软件平台测算了不同灌区主要作物灌溉技术效率，具体见

表4-9。结果表明：

第一，黑河流域典型灌区主要作物灌溉技术效率均存在改进空间，说明压缩作物灌溉用水是可行的。①平原灌区的制种玉米平均灌溉技术效率为0.655 3，节水空间0.344 7，即每亩制种玉米平均灌溉用水可由目前的807.20立方米减少至528.96立方米，缩减量为278.24立方米；大田玉米平均灌溉技术效率为0.618 5，节水空间0.381 5，即每亩大田玉米平均灌溉用水可由目前的721.06立方米减少至445.98立方米，缩减量为275.08立方米。②北部荒漠灌区的棉花平均灌溉技术效率为0.515 8，节水空间0.484 2，即每亩棉花平均灌溉用水可由目前的432.33立方米减少至223.00立方米，缩减量为209.33立方米；制种西瓜平均灌溉技术效率为0.651 8，节水空间0.348 2，即每亩制种西瓜平均灌溉用水可由目前的437.99立方米减少至285.05立方米，缩减量为152.94立方米；玉米套小麦平均灌溉技术效率为0.770 1，节水空间0.229 9，即每亩玉米套小麦平均灌溉用水可由目前的440.97立方米减少至339.59立方米，缩减量为101.38立方米。③沿山灌区的小麦平均灌溉技术效率为0.855 2，节水空间0.144 8，即每亩小麦平均灌溉用水可由目前的431.42立方米减少至368.95立方米，缩减量为62.47立方米；马铃薯平均灌溉技术效率为0.692 5，节水空间0.307 5，即每亩马铃薯平均灌溉用水可由目前的417.37立方米减少至298.00立方米，缩减量为119.37立方米；大麦平均灌溉技术效率为0.745 0，节水空间0.255 0，即每亩大麦平均灌溉用水可由目前的416.98立方米减少至310.65立方米，缩减量为106.33立方米；大田玉米平均灌溉技术效率为0.640 4，节水空间0.359 6，即每亩大田玉米平均灌溉用水可由目前的517.45立方米减少至331.37立方米，缩减量为186.08立方米。

第二，从典型灌区主要农作物灌溉技术效率的变异系数来看，同一灌区内部种植面积占比越高的作物，其变异系数越低，说明作物灌溉技术效率的变异系数与作物种植面积占比呈负向关系，同一灌区内部种植相同作物的农户的农业生产管理水平存在明显差异。平原灌区制种玉米、北部荒漠灌区玉米套小麦、沿山灌区小麦的变异系数分别为0.258 0、0.265 9和0.275 7，这些作物种植面积在灌区占比较高；北部荒漠灌区制种西瓜为0.336 6、沿山灌区大麦为0.337 1、沿山灌区马铃薯为0.408 4，这三种作物在相应灌区的种植面积比上一组要低一些；北部荒漠灌区棉花为0.431 6、平原灌区大田玉米为0.455 8、沿山灌区大田玉米为0.471 4，这三种作物的种植面积占灌区作物种植总面积的比例相对较低。这在一定程度上表明在同一灌区内部，规模化种植某种作物有利于缩小不同生产单元灌溉技术效率的差异程度（仇焕广等，2017）。

表 4-9 典型灌区主要作物灌溉技术效率描述性统计

灌区类型	作物类型	平均值	最大值	最小值	标准差	变异系数
平原灌区	制种玉米	0.655 3	1.000 0	0.306 8	0.644 2	0.258 0
	大田玉米	0.618 5	1.000 0	0.139 9	0.593 9	0.455 8
北部荒漠灌区	棉花	0.515 8	1.000 0	0.170 8	0.450 3	0.431 6
	制种西瓜	0.651 8	1.000 0	0.176 5	0.612 0	0.336 6
	玉米套小麦	0.770 1	1.000 0	0.238 1	0.785 7	0.265 9
沿山灌区	小麦	0.855 2	1.000 0	0.216 3	1.000 0	0.275 7
	马铃薯	0.692 5	1.000 0	0.190 6	0.665 3	0.408 4
	大麦	0.745 0	1.000 0	0.213 8	0.794 9	0.337 1
	大田玉米	0.640 4	1.000 0	0.086 1	0.652 3	0.471 4

为了对不同作物灌溉技术效率差异性进行深入分析，表 4-10 汇总了典型灌区主要农作物灌溉技术效率各效率值出现的频度分布情况。其中，平原灌区种植制种玉米的农户的灌溉技术效率大多处于 0.50～0.75 区间，占比为 62.39%，呈“两头轻、中间重”的分布特征；而大田玉米则有 40.77%分布在 0～0.50 区间，有 36.15%分布在 0.75～1.00 区间，呈现“两头重、中间轻”的分布特征。北部荒漠灌区内，棉花有 56.53%分布在 0～0.50 区间，与其他农作物相比占比最高，说明多数棉花种植农户的灌溉技术效率处于低水平状态；制种西瓜的分布相对平均，而玉米套小麦则有过半的农户分布在 0.75～1.00 区间，说明灌区内部不同作物灌溉技术效率分布存在不平衡的问题。沿山灌区中，有 70.31%的小麦种植户灌溉技术效率分布在 0.75～1.00 区间，与其他农作物相比，小麦在该区间内的农户数最多，与此同时，大麦也有将近 60%的农户分布在 0.75～1.00 区间，说明种植小麦和大麦的农户经营管理水平较为接近，但也有部分农户的作物灌溉技术效率有待提升；而马铃薯和大田玉米的分布则较为分散，说明农户之间的差异较大，需要通过合理的措施进行协调。由此可见，灌区内部种植相同作物的农户生产管理水平具有较大差异，普遍存在发展不平衡、不充分的情况。

表 4-10 典型灌区主要作物灌溉技术效率频度分布

灌溉技术效率	平原灌区制种玉米		平原灌区大田玉米		北部荒漠灌区棉花		北部荒漠灌区制种西瓜		北部荒漠灌区玉米套小麦	
	DMU	占比（%）	DMU	占比（%）	DMU	占比（%）	DMU	占比（%）	DMU	占比（%）
0～0.25	0	0.00	12	9.23	9	7.83	2	2.27	1	0.50
0.25～0.50	57	17.43	41	31.54	56	48.70	22	25.00	22	10.95
0.50～0.75	204	62.39	30	23.08	32	27.83	34	38.64	72	35.82
0.75～1.00	66	20.18	47	36.15	18	15.65	30	34.09	106	52.74
合计	327	100.00	128	100.00	115	100.00	88	100.00	201	100.00
灌溉技术效率	沿山灌区小麦		沿山灌区马铃薯		沿山灌区大麦		沿山灌区大田玉米			
	DMU	占比（%）	DMU	占比（%）	DMU	占比（%）	DMU	占比（%）		
0～0.25	1	0.39	2	2.50	4	3.48	14	15.38		
0.25～0.50	30	11.72	23	28.75	18	15.65	19	20.88		
0.50～0.75	45	17.58	19	23.75	25	21.74	23	25.27		
0.75～1.00	180	70.31	36	45.00	68	59.13	35	38.46		
合计	256	100.00	80	100.00	115	100.00	91	100.00		

4.4.2 影响因素结果说明

利用 Stata12.0 得到回归结果，见表 4-11。典型灌区主要农作物整体回归结果的 LogLikehood 值足够大，说明模型总体拟合效果较好，且 Prob＞F＝0.000 0，说明回归方程总体是显著的，具有较强的解释力。但是不同影响变量的显著性和作用关系具有明显差异：

农户人口社会学特征变量（控制变量）**结果说明。**户主年龄（ln*AGE*）的回归结果表明，其对平原灌区的制种玉米和大田玉米、北部荒漠灌区的制种西瓜以及沿山灌区的马铃薯和大麦产生正向影响，说明对于这些作物而言，农户种植经验越丰富越有助于提升作物灌溉技术效率；而对北部荒漠灌区棉花和玉米套小麦、沿山灌区小麦和大田玉米产生负向影响，可能是这些农户年龄差异较小，导致大部分影响不显著；户主受教育水平（*D*1）的回归结果表明，其对除北部荒漠灌区的棉花之外的作物灌溉技术效率产生正向影响，且在沿山灌区表现得较为显著，说明提高农业劳动力的受教育水平有助于提升作物灌溉技术效率；家庭农业劳动力人数（lnAL）的回归结果显示，除沿山灌区的马铃薯和大麦之外，其他农作物的灌溉技术效率均随着农业劳动力人数的增加而提升，但由于劳动力人数的标准差较小，故其影响基本不显著。

农户生产管理特征变量结果说明。首先，就耕地管理而言，农户耕地面积（lnFLA）与大多数农作物的灌溉技术效率呈负相关，但不显著，说明随着生产规模的扩大，农户生产能力和管理水平会受到限制，导致灌溉技术效率低下；农地细碎化程度（lnSI）的回归结果表明，其对主要农作物灌溉技术效率起到显著的负向作用，说明农地的空间分布越分散，越不利于生产管理，越易造成水资源的浪费，这与 Speelman 等（2008）的研究一致；耕地质量（$D2$）的影响主要表现在北部荒漠灌区棉花和制种西瓜的回归结果中，结果显示质量高的农地，即土地平整度好、保水保肥性能好、盐碱度低的土地会显著正向地促进作物灌溉技术效率的提升，但是由于平原灌区和沿山灌区的土地质量差异较小，故对作物灌溉技术效率提升的影响并不显著。其次，对于有条件利用井水灌溉的农作物（平原灌区大田玉米，沿山灌区小麦、马铃薯和大田玉米）来说，灌溉水源（$D3$）的回归结果显示井水灌溉比河水灌溉更有利于提升作物灌溉技术效率，这是由于河水供应每月才放一次水，不能根据作物的生长需求来灌溉，而井水灌溉可以弥补这一缺陷，所以井水灌溉技术效率会高一些，这和预期相符，且与许朗和黄莺（2012）的研究结论一致；灌溉次数［lnIN 和 $(\ln IN)^2$］的回归结果表明，除北部荒漠灌区的棉花、玉米套小麦和沿山灌区大田玉米之外，其他作物灌溉技术效率与灌溉次数均呈现倒“U”形关系，说明并不是灌溉次数越多、灌溉水量越多，灌溉技术效率就越高，在现实生产过程中要根据作物生长规律适时适量浇灌，不要盲目浇灌，导致水资源的浪费；种子类型（$D4$）中除小麦种子存在自留种的情况，其他作物的种子都是杂交种，不具有对比性，由小麦种子类型的回归结果来看，因为杂交种具有较强的抵御病虫害的能力，使用杂交种更有利于提升其灌溉技术效率；化肥使用量（$D5$）对主要农作物的灌溉技术效率的提升大部分呈显著的负向影响，说明超过灌区平均化肥使用量的化肥投入并不能提升作物灌溉技术效率，在对作物进行经营管理的过程中，要重视水肥匹配，避免以肥定产的错误决策方式。

农户耕作意愿及对风险态度变量结果说明。土地流入（*D*6）的回归结果显示，农户扩大种植规模的意愿对大多数作物灌溉技术效率的提升是有正向作用的，这与Coventry、Poswal、Yadav（2015）的研究结果一致，但是土地流入对灌溉技术效率的影响又会受到农户原有耕地面积、农地细碎化程度等因素影响，需要结合农户的具体情况进行分析；家庭农业收入占比（ln*AIR*）的结果显示，家庭农业收入占比对平原灌区制种玉米和大田玉米、北部荒漠灌区制种西瓜以及沿山灌区马铃薯和大麦等灌溉技术效率的提升具有正向作用，对其他作物则起负向作用，可见，一方面收入对农业的高依赖性会促使农民增强经营管理能力，提升灌溉技术效率，另一方面又会导致农民灌溉用水投入的增加，与高收入相比，水资源的投入成本是可以忽略的，这导致了灌溉技术效率的降低，因此，出现不同方向的作用是可以理解的；作物种类数（ln*CT*）的结果表明，作物种类数对大多数作物灌溉技术效率的提升具有正向作用，农户种植的作物类型越多，说明其越倾向于规避风险，也说明其耕作意愿越强烈，对农耕工作越重视，这在很大程度上会促进作物灌溉技术效率提升（Zhou，Wang，Shi，2017）；作物价格（ln*CP*）的结果表明，除沿山灌区的马铃薯、大麦和大田玉米之外，作物价格的上升会对其他作物灌溉技术效率产生负向影响，原因可能是作物价格越高，农户能够获得的净收益越高，能够在很大程度上弥补因增加灌溉用水而增加的成本投入，即农户为了追求更多经济收益会增加灌溉水量，降低作物的灌溉技术效率。

表4-11　典型灌区主要作物灌溉技术效率影响因素Tobit回归结果

类型	影响变量	平原灌区		北部荒漠灌区			沿山灌区			
		制种玉米	大田玉米	玉米套小麦	棉花	制种西瓜	小麦	马铃薯	大麦	大田玉米
	β_0	−0.535 (0.97)	0.744*** (3.20)	1.066*** (3.23)	0.681* (1.94)	0.014 (0.03)	0.866*** (4.63)	0.687*** (5.04)	−3.975*** (−3.03)	3.146* (1.71)
农户人口社会学特征	ln*AGE*	0.041 (1.51)	0.021 (0.39)	−0.077* (−1.71)	−0.008 (−0.28)	0.030 (0.98)	−0.027 (−0.61)	0.070* (1.82)	0.595*** (2.68)	−0.585 (−1.31)
	*D*1	0.015 (1.35)	0.032 (1.07)	0.008 (0.44)	−0.010 (−0.38)	0.008 (0.34)	0.016 (0.85)	0.081** (2.10)	0.182** (1.90)	0.449** (2.51)
	ln*AL*	0.008 (0.59)	0.029 (0.86)	0.043** (1.98)	0.058* (1.77)	0.041 (1.09)	0.016 (0.79)	−0.013 (−0.24)	−0.084 (−0.80)	0.017 (0.08)

（续）

类型	影响变量	平原灌区		北部荒漠灌区			沿山灌区			
		制种玉米	大田玉米	玉米套小麦	棉花	制种西瓜	小麦	马铃薯	大麦	大田玉米
农户生产管理特征	ln*FLA*	−0.034*** (−2.78)	0.007 (0.23)	−0.021 (−0.95)	−0.006 (−0.18)	−0.021 (−0.50)	−0.001 (−0.03)	0.023 (0.52)	0.100 (0.90)	−0.021 (−0.11)
	ln*SI*	−0.109** (−2.35)	−0.335*** (−2.09)	−0.369*** (−3.13)	−0.042** (−2.37)	−0.186*** (−3.69)	−0.169* (−1.74)	−0.820** (−2.49)	−2.373*** (−3.16)	−3.865*** (−4.15)
	*D*2	—	—	—	0.073** (2.45)	0.098*** (3.06)	—	—	—	—
	*D*3	—	0.076** (2.42)	—	—	—	0.008 (0.36)	0.028 (0.49)	—	0.172 (0.63)
	ln*IN*	0.161 (0.23)	0.125 (0.42)	−0.149 (−0.61)	−0.226 (−0.78)	0.648 (1.38)	0.020 (0.17)	0.124 (0.84)	1.102*** (3.40)	−1.190 (−1.50)
	$(\ln IN)^2$	−0.085 (−0.36)	−0.068 (−0.66)	0.039 (0.55)	0.120 (0.98)	−0.194 (−1.42)	−0.115 (−1.65)	−0.141 (−1.52)	−1.156*** (−5.49)	0.510 (1.08)
	*D*4	—	—	0.042 (2.27)	—	—	0.010 (0.54)	—	—	—
	*D*5	−0.026** (−2.35)	−0.032*** (−4.75)	−0.044** (−2.50)	−0.060** (−2.28)	−0.064** (−2.29)	0.006 (0.38)	−0.091*** (−2.69)	0.150* (1.68)	−0.011 (−0.07)
农户耕作意愿及对风险态度	*D*6	0.033* (1.65)	0.021 (0.51)	−0.006 (−0.32)	0.073** (2.45)	0.002 (0.05)	−0.043 (−0.88)	0.026 (0.52)	−0.168 (−0.83)	0.192 (0.46)
	ln*AIR*	0.013 (1.46)	0.024* (1.74)	−0.095** (−2.39)	−0.022 (−0.82)	0.025 (0.42)	−0.060 (−1.17)	0.095 (0.69)	0.165 (0.52)	−0.017 (−0.08)
	ln*CT*	—	0.017 (2.42)	0.098*** (2.63)	−0.047 (−0.72)	0.018 (0.34)	0.034 (1.32)	0.068 (0.95)	0.448** (2.38)	0.721** (2.32)
	ln*CP*	−0.131** (−1.93)	−0.025 (−0.16)	−0.003 (−0.02)	−0.117 (−0.77)	−0.055 (−1.22)	−0.173* (−1.91)	0.091 (1.44)	2.275** (2.44)	5.534*** (3.86)
	ln*CP*2 套小麦	—	—	0.109 (1.35)	—	—	—	—	—	—
LogLikehood		301.639	58.777	160.613	73.297	66.720	157.841	39.392	−73.658	−79.106
Obs		327	128	201	115	88	253	80	115	91
Prob>F=		0.000	0.000	0.000	0.000	0.000	0.000	0.000	0.000	0.000

注：*、**、*** 分别表示在10%、5%以及1%水平下显著；括号中的值为 *t* 值。

最后，为了验证 Tobit 模型结果的稳健性，本研究进行了如下稳健性检验：

第一，为了避免极端值的影响，本研究对变量进行了缩尾处理，对处理之后的数据进行回归检验，得出的结果与前文一致。

第二，参考耿献辉等（2014）的做法，将农地细碎化程度（ln*SI*）改用“平均每块耕地的面积”来衡量，并以此为解释变量重新回归，发现各解释变量回归系数方向和显著性程度基本不变，说明本研究的结论是稳健的。

4.5 本章小结

农业用水是否存在节水潜力直接决定了张掖市水资源管理“三条红线”目标能否实现，是转换用水结构、实现流域可持续发展的前提。本章基于2013年黑河中游张掖市典型灌区农户的不同作物投入产出数据，在排除了自然条件、耕种条件、市场价格、种植结构等因素影响的前提下，通过构建子矢量DEA-Tobit模型对作物灌溉技术效率及其影响因素进行了分析，得到不同灌区主要作物的灌溉技术效率均存在改进空间，农业用水存在节省空间的结论。其中，平原灌区制种玉米和大田玉米的灌溉技术效率平均值分别为0.655 3、0.618 5；北部荒漠灌区棉花、制种西瓜、玉米套小麦的平均值分别为0.515 8、0.651 8、0.770 1；沿山灌区小麦、马铃薯、大麦和大田玉米的平均值分别为0.855 2、0.692 5、0.745 0和0.640 4。由作物灌溉技术效率的变异程度来看，灌区内作物种植面积占比越高，这种作物灌溉技术效率的变异系数越低，说明同一灌区内部种植相同作物的农户的农业生产管理水平存在明显差异，在提升作物灌溉技术效率的过程中要综合考虑作物种植规模的影响。此外，由Tobit模型回归结果可知，农地细碎化程度、农户耕地面积和化肥使用量对作物灌溉技术效率的影响是负向的，耕地质量、井水灌溉的影响是正向的，灌溉次数与多数作物灌溉技术效率之间存在倒“U”形关系。本章研究为提升灌溉技术效率和实施最严格水资源管理制度提供了具体途径，为水资源转移政策的农户行为响应研究和生态补偿机制的构建奠定了基础。

5 黑河流域水资源转移政策的农户行为响应研究

5.1 引言

水资源优化配置一直是社会各界关注的热点问题。20 世纪 80 年代以来，西北干旱区耕地面积持续扩张（刘纪远，匡文慧，张增祥，2014），农业技术进步为高耗水作物种植面积的增加提供了条件（朱会义，李义，2011）。进入 21 世纪，黑河流域积极践行节水型社会建设，通过推广节水灌溉技术和调整作物种植结构等措施，大大提升了灌溉技术效率（耿献辉等，2014）。但农户在经济利益的驱动下，将节约的灌溉用水重新用于开垦耕地，扩大农业生产，出现节水反弹现象，特别是在绿洲和沙漠过渡地区，农户利用节约的灌溉用水来扩张耕地的现象尤为明显（Zhou，Wang，Shi，2017）。虽然黑河流域一直致力于建立水权交易市场，通过实施水票制促进灌区农户的水权交易，但是农户并不会自发节水或者进行水权交易，导致过去的水资源管理政策实施成效并不显著。未来，黑河中游张掖市水资源管理“三条红线”的节水目标是：2020 年的用水总量由 2015 年的 23.66 亿立方米下降到 20.11 亿立方米以内，2020—2030 年的用水总量基本维持在这一水平。为了实现这一目标，必须遏制农户开垦行为，规避节水反弹，提高水资源的利用效率、转换用水结构，以实现流域的可持续发展。

相关研究积极探索了治理节水反弹的途径，指出根据用水效率调整不同部门的水权、限制灌溉面积和高耗水作物的种植面积等措施是缓解灌溉用水反弹的有效途径（Ward，Pulido - Velazquez，2008；Scott，Vicuña，Blancogutiérrez，2014；Berbel，Gutiérrez - Martín，Rodríguez - Díaz，2015；Perry，Steduto，Karajeh，2017），并指出节水补贴政策会加剧灌溉用水回流，农户不会自觉将补贴用于节水（Ward，2008；Dagnino，2012）。相关成果的研究重点是如何通过遏制节水反弹的政策调控农户行为达到保护资源环境的目的，较少关注水资源管理政策对农户经济收入的影响。水资源转移政策，即以规避灌溉用水反弹、提高水资源利用效率和促进地区经济—社会—环境—资源协调发展为目标，在不损害农户利益的前提下实施的转移节省的农业用水、限制未利用土地开垦措施及相关补偿措施的统称。它通过调整水资源和土地资源的数量改变农户的生产决策，进而实现管理目标。

本章基于黑河流域典型灌区主要农作物灌溉技术效率存在提升空间的结论，为了规避节水反弹对流域管理带来的负面影响，从农户行为的视角出发，基于 2013 年的农户家庭、生产和消费数据，构建 BEM - DEA 模型，在模拟情景、政策情景、补偿情景等情景下，分析对比作物灌溉技术效率提升背景下水资源转移政策对农户行为的影响，为转换用水结构、实现水资源配置和流域可持续发展提供参考。

5.2 Bio - economic 模型构建

5.2.1 Bio - economic 模型机制

Bio - economic（BEM）模型是基于优化思想的农业经济资源配置的数理规划模型。本书利用线性规划模型建立 1 年期灌区层级的 Bio - economic 模型，根据农业家庭模型（AHM）的原理，将目标函数定义为灌区层级上的纯利益最大化，约束条件包括土地资源、水资源、劳动力资源的投入产出函数以及消费需求函数和资金约束等（石敏俊，王涛，2005）。该模型没有统一的数学表达式，根据不同研究区情况，将表达式设定如下：

$$\max M = \sum_{c=1}^{C}\left\{P_c\left(\sum_{g=1}^{G}A_{cg}y_{cg}(x)-b_c-s_c\right)-\sum_{g=1}^{G}\sum_{i=1}^{n}A_{cg}e_{icg}x_{icg}\right\}+ \sum_{v=1}^{V}\left\{P_v(L_vY_v(x)-b_v-s_v)-\sum_{i=1}^{n}L_ve_{iv}x_{iv}\right\}-\sum_{j=1}^{J}P_jf_j+ \sum_{o}^{O}w_oz_o-\sum_{k}^{K}w_kh_k \tag{5-1}$$

约束函数：

$$A \geqslant \sum_{c}^{C}\sum_{g}^{G}A_{cg}+A_r \tag{5-2}$$

$$Z_h = z_f + z_o \tag{5-3}$$

$$Z_f = z_f + \sum_{k}^{K} h_k \tag{5-4}$$

$$\sum_{v=1}^{V} 365\alpha_v L_v \leqslant A_r y_r + T \tag{5-5}$$

$$365\gamma H \leqslant \sum_{c=1}^{C} \beta_c b_c + \sum_{j=1}^{J} \beta_j f_j \tag{5-6}$$

$$\sum_{c=1}^{C}\sum_{g=1}^{G}\sum_{i=1}^{n} A_{cg} e_{icg} x_{icg} + \sum_{v=1}^{V}\sum_{i=1}^{n} L_v e_{iv} x_{iv} + \sum_{j=1}^{J} P_j f_j + \sum_{k}^{K} w_k h_k \leqslant M_0 + N + S_s \tag{5-7}$$

$$w_{total} \leqslant (w_s - inf - et) \times cf + w_g \tag{5-8}$$

$$\sum_{c=1}^{C}\sum_{g=1}^{G} A_{cg} Q_{cg} + \sum_{v=1}^{V} L_v Q_v \leqslant w_{total} \tag{5-9}$$

上式中，M 为灌区净收益；c 代表作物类型；P 是不同作物、各类牲畜或者农户购买的消费品的价格；g 代表耕地类型；A 为耕地面积；A_{cg} 为耕地类型 g 上种植的作物 c 的面积；y 为作物 c 或家畜 v 的产出水平；x 为作物 c 或家畜 v 的生产资料集；v 为牲畜种类；b 为作物或家畜产出 y 中自给的部分；s 为作物 c 或家畜 v 产出中用于再生产的部分，如作物的种子或牲畜的幼崽；i 为不同作物各类生产要素的投入；L_v 为灌区牲畜 v 的存量；e_i 为 i 项生产要素 x_i 的价格；f 代表农户购买食品的数量；w_o 代表家庭非农劳动力的工资水平；z_o 为非农劳动力的数量；w_k 代表农业生产中支付给雇佣劳动力 k 的工资；h_k 为雇佣劳动力 k 的数量；A_r 为灌区的草地面积；Z_h 代表灌区家庭劳动力；z_f 代表灌区农业劳动力；Z_f 为需要的农业劳动力；α 为牲畜平均每日需要的饲料量；y_r 为灌区耕地的产草量；T 代表单位作物秸秆的饲料含量；γ 代表人类平均每天最低需要的营养量；H 为灌区人口；β 为食物营养含量；j 代表农户购买的食品类型；M_0 为农户可投入生产的现金；N 为农户可获得的贷款金额；S_s 为补贴；w_{total} 为灌区历年平均总的可用水量；w_s 代表灌区历年地表水来水量；inf 为灌区主干渠的渠系渗透量；et 为径流蒸发量；cf 为灌区渠系利用系数；w_g 代表灌区历年地下水供水量；Q_{cg} 为作物 c 的亩均灌溉水量；Q_v 为牲畜 v 的日均引水量。

其中，目标函数包括了农业生产函数和农户消费函数，这是因为在困难地区，市场条件往往是不完善的，由农业家庭模型理论可知，农户不仅可以从市场上购买日常生活需要的各类消费品，还可以自己生产一部分所需的消费品，所以本书将生产函数和消费函数纳入同一个框架中。农业生产函数包括作物生产函数和畜牧业生产函数，二者之间的关系是种植业为畜牧业提供了饲料和饲草，畜牧业为种植业提供了有机肥。农业生产函数是基于列昂惕夫投入产出系数构建的线性方程，可以将复杂的连续生产函数简化为可通过实地调研获得的实际生产函数。农户的消费函数采用的是线性方程，并引入了和生产决策密切相关的食物与能源消费。

约束函数，公式（5－2）是土地资源约束，即灌区耕地面积和草地面积之和不大于土地总面积；公式（5－3）和公式（5－4）是总劳动力和农业劳动力约束，即农业劳动力和非农业劳动力之和不大于总劳动力，农业劳动力和雇佣劳动力之和等于农业对劳动力的总需求；公式（5－5）是作物和牲畜之间的饲料供需约束，即畜牧业饲料需求量等于自给饲料和外购饲料之和；公式（5－6）是农民食品消费营养平衡方程，即农户为了维持基本营养水平所需要摄入的热量、蛋白质、脂肪等于自给食品与外购食品中所含营养成分之和；公式（5－7）是资金约束，即生产和生活消费之和小于农户自有资金、贷款以及补贴之和；公式（5－8）和公式（5－9）是水资源总量和灌区实际用水约束，水资源是重要的生产要素，是农业生产的边界条件。在模型中，水资源供给量等于地表水引水量和地下水开采量之和，水资源的需求量主要通过作物种植面积和单位面积灌溉水量求得，供给量大于等于需求量。灌溉水价通过影响作物的成本效益比进而影响农户的生产决策，灌溉水量通过改变水资源供给影响农户生产决策。

5.2.2 黑河中游灌区 Bio－economic 模型构建

BEM 模型构建的总体思路是，首先确定建模的基本单元，然后利用采集到的宏观和微观数据分别构建模型的约束数据库和参数数据库，最终确定不同类型区的 BEM 模型。BEM 模型构建技术路线如图 5－1 所示。

灌区是水资源管理的最小完整单位。灌区内部各个村之间的作物种植结构和农业生产技术会存在一定的差异，根据农业种植结构空间分布，考虑灌区内各个村之间的自然条件、农业生产技术、作物结构的一致性和差异性，选取若干代表村（视灌区大小而定），随机抽取满足建模需求的一定样本量的农户进

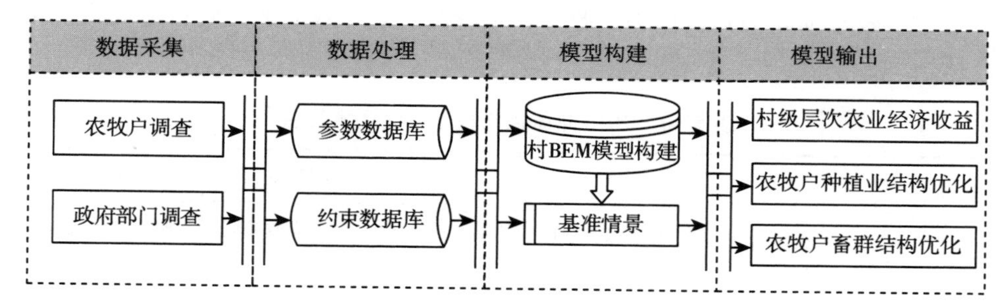

图 5-1　BEM 模型构建技术路线

行调查。最终构建了甘州大满灌区、甘州盈科灌区、高台罗城灌区、民乐益民灌区 4 个典型灌区的 BEM 模型。需要说明的是，中游 4 个灌区尺度 BEM 模型之间并不是独立的，它们之间存在动态链接。灌区之间的链接是通过黑河干流水在上下游之间的分配完成的，也就是说灌区的可引水量受制于其他灌区的引水量，每年黑河来水量是不变的，但在灌区之间的分配是可变的。灌区的水资源是基于初始水权面积分配的，但丰水年、枯水年以及不同用水时期却能够深刻地影响灌区内部的农业生产活动。

模型参数来自 2014 年对张掖市典型灌区农户的调研（附录 1），在模型精度检验和敏感性分析中将进行具体说明。表 5-1 给出了典型灌区调研基本信息，表 5-2 给出了主要作物种植面积及单方水效益，从表中可知：第一，平原灌区处于绿洲核心地区，人口较多，非农劳动力占比超过 15%且人均收入高于北部荒漠和沿山灌区。灌区内土壤肥沃、水资源充足，以种植制种玉米和大田玉米为主，其中制种玉米单方水效益明显高于大田玉米，是绿洲农业最主要的作物类型。但是据统计资料显示，2013 年甘州区仍有 142 328 公顷的未利用土地。第二，北部荒漠灌区位于绿洲边缘，人口较少，非农劳动力占比较低，农业劳动力充足，农业收入是灌区主要收入来源。灌区内土地盐碱程度高，水资源短缺，灌溉条件相对较差，以种植棉花、玉米套小麦、制种西瓜为主，由于制种西瓜单方水效益远高于其他作物，近年来在灌区中的种植占比不断增加，而由于棉花种植成本较高，近年来种植面积在缩减。灌区总体水多地少，罗城乡有 61 293 公顷未利用荒地可供进一步开垦。第三，沿山灌区的人口较多，人均收入居中。灌区海拔高、水资源匮乏，降水相对充足，以种植小麦、马铃薯、大麦、大田玉米为主，其中马铃薯的单方水效益远高于其他作物。此外，水资源匮乏导致灌区流转耕地面积占比高达70%。

表5-1 2013年张掖市典型灌区基本信息

指标	单位	平原灌区		北部荒漠灌区	沿山灌区
		甘州大满灌区	甘州盈科灌区	高台罗城灌区	民乐益民灌区
总人口	人	104 366	91 157	12 986	72 450
劳动力	人	48 070	62 217	7 705	41 533
非农劳动力占比	—	15.74%	16.73%	11.99%	12.05%
人均纯收入	元	8 759	9 173	7 805	8 220
农业收入占比	—	53.76%	29.83%	79.16%	34.83%
耕地面积	公顷	19 262	8 322	2 192	17 917
未利用土地面积	公顷	142 328（甘州区）		61 293（罗城乡）	33 333（民乐县）
地表水量	$\times 10^8$ 立方米	1.36	1.04	0.20	0.39
地下水量	$\times 10^8$ 立方米	0.47	0.42	0.07	0.07

表5-2 2013年张掖市典型灌区主要作物种植面积及单方水效益

灌区类型	作物类型	种植面积（公顷）	作物单方水效益（元）
平原灌区	制种玉米	12 072	1.99
	大田玉米	679	1.32
北部荒漠灌区	棉花	344	1.81
	制种西瓜	289	8.08
	玉米套小麦	607	2.55
沿山灌区	小麦	3 493	1.80
	马铃薯	2 473	5.94
	大麦	573	1.43
	大田玉米	106	1.59

5.2.3 模型精度检验及敏感性分析

运用GAMS软件分别构建4个黑河中游灌区级的Bio-economic模型，因

变量 M 代表灌区纯收入，每个灌区的数据集包含 7 个参数表：clh——作物劳动时间参数表，即每种作物 1—12 月所需的劳动时间；crop——作物投入产出参数表，即每种作物每亩的产量、单价、自给消费、种子、化肥、灌溉用水等相关参数；goods——生活消费品参数表，即农户日常消费品如蔬菜、肉类、饮用水、家庭用电等的支出情况；livestock——牲畜投入产出参数表，即各类牲畜每头的出售价、所需饲料总量、粪便产量等相关参数；vlh——牲畜劳动时间参数表，即每种牲畜 1—12 月所需的劳动时间；nutrition——营养参数表，即维持农户生存所需的蛋白质、热量和脂肪等参数；water——水资源参数表，即灌区历年地表水和地下水平均来水量以及地表水和地下水的水价。土地资源、灌区总劳动力、灌区农业劳动力、灌区非农业劳动力等相关参数在模型编程中以自变量 ctarea、tlabor、tal、oy 等形式进行约束。

（1）甘州大满灌区实际情况与模型结果的比较说明

表 5-3 是甘州大满灌区的实际情况和基准模拟结果的对比情况，从表中可以看出，甘州大满灌区模型的基准模拟结果在收入情况、种植业结构、畜牧业结构和劳动力结构上与 2013 年的实际状况非常接近。

就农村经济收入情况而言，模型结果与实际情况的偏差仅为 0.66%，存在些许偏差的原因可能是，一方面可能存在调研农户覆盖率不够高的情况，导致收入存在一些偏差，另一方面制种玉米作为主要的农作物，其初始和中间品的投入和销售价格在一定程度上受到收购公司的制约，可能对调研的投入产出数据造成影响，导致结果存在稍许偏差。

表 5-3　甘州大满灌区 BEM 模型结果与 2013 年统计数据的对比分析

项目	内容	单位	2013 年数据	模型结果	偏差
农村经济收入情况	人均纯收入	元	8 759	8 817	0.66%
	农业收入占比	—	53.76%	47.00%	
	其他收入占比	—	46.24%	53.00%	
家庭种植业结构	制种玉米	亩	197 019	144 570	
	大田玉米	亩		24 095	
	小麦	亩	17 512	24 095	
	陆地蔬菜	亩	15 873	23 337	
	总耕地面积	亩	230 404	216 098	6.21%

（续）

项目	内容	单位	2013 年数据	模型结果	偏差
家庭畜牧业结构	大羊	头	332 627	165 550	
	小羊	头		501 650	
	大牛	头	69 152	19 167	
	小牛	头		0	
	猪	头	55 937	0	
	驴	头	333	0	
家庭劳动力结构	全部劳动力	人	48 070	48 070	
	农业劳动力	人	40 503	40 218	
	非农劳动力	人	7 567	7 852	
水土资源匹配情况			水资源盈余，土地资源不足		

就种植业结构而言，从问卷调研和实地调研情况来看，模型显示的种植结构与当地的种植结构是比较符合的：制种玉米种植面积占总耕地面积的比例为66.90%，与实地调研的占比（大约为70%）极为接近。且模型结果显示的作物种植面积与实际耕地面积的偏差仅为6.21%，说明模型结果精度较高。

就畜牧业结构来看，模型结果主要是养殖羊和牛，这与实际情况是相符的，甘州大满灌区2013年的养殖结构以羊和牛为主，养猪规模较小，此外，羊和牛在养殖量上也存在着相互替代的关系，这主要是受到市场的调控，比如羊肉的价格上涨会促使相关养殖户较多地养殖羊，而当羊肉的价格低于某一临界值、牛肉价格上涨时，牛的养殖数量则会增加。

最后，甘州大满灌区的劳动力结构与2013年的实际情况基本是一致的。灌区进行农业生产劳动的主要是中老年人，更多年轻人倾向于外出务工，一方面现在的年轻人不具备种植或养殖技能，另一方面也是当地居民思想观念导致的。

此外，根据调研和统计数据，分析得到甘州大满灌区水资源盈余、土地资源不足的结论。

（2）甘州盈科灌区实际情况与模型结果的比较说明

表5-4是甘州盈科灌区的实际情况和基准模拟结果的对比情况，从表中可以看出，甘州盈科灌区模型的基准模拟结果在收入情况、种植业结构、畜牧

业结构和劳动力结构上与2013年的实际状况也非常接近。

表5-4 甘州盈科灌区BEM模型结果与2013年统计数据的对比分析

项目	内容	单位	2013年数据	模型结果	偏差
农村经济收入情况	人均纯收入	元	9 173	9 179	0.07%
	农业收入占比	—	29.83%	43.60%	
	其他收入占比	—	70.17%	56.40%	
家庭种植业结构	大田玉米	亩	不确定	6 322	
	制种玉米	亩	不确定	37 935	
	小麦	亩	不确定	6 322	
	马铃薯	亩	—	6 209	
	陆地蔬菜	亩	—	45 358	
	大棚蔬菜	亩	—	22 679	
	总耕地面积	亩	124 827	124 825	0.00%
家庭畜牧业结构	大羊	头	82 547	266 950	
	小羊	头		889 830	
	大牛	头	27 985	0	
	小牛	头		0	
	猪	头	60 003	21 903	
	驴	头		0	
家庭劳动力结构	全部劳动力	人	62 217	61 561	
	农业劳动力	人	51 810	51 561	
	非农劳动力	人	10 407	10 000	
水土资源匹配情况			水土资源基本匹配		

就农村经济收入情况而言，模型结果与实际情况的偏差非常小，基本与实际情况是相符的，说明模型精度很高。

就种植业结构而言，从问卷调研和实地调研情况来看，模型显示的种植结构与当地的种植结构是比较符合的：制种玉米和蔬菜作为甘州盈科灌区的主要农作物，其种植面积总和占总耕地面积的比例为84.90%，与实地调研的情况基本一致。且模型结果显示的作物种植面积与实际耕地面积的偏差为0.00%，说明模型结果精度较高。

就畜牧业结构来看，模型结果主要是养殖羊和猪，这与实际情况是相符的，灌区 2013 年的养殖结构就是以羊和猪为主。

最后，甘州盈科灌区的劳动力结构与 2013 年的实际情况基本一致，当然也存在与甘州大满灌区相同的劳动力变动趋势。

最后，根据调研和统计数据，得到甘州盈科灌区水土资源基本匹配的结论。

(3) 高台罗城灌区实际情况与模型结果的比较说明

表 5－5 是高台罗城灌区的实际情况和基准模拟结果的对比情况，从表中可以看出，高台罗城灌区模型的基准模拟结果在收入情况、种植业结构、畜牧业结构和劳动力结构上与 2013 年实际状况比较相近。

表 5－5　高台罗城灌区 BEM 模型结果与 2013 年统计数据的对比分析

项目	内容	单位	2013 年数据	模型结果	偏差
农村经济收入情况	人均纯收入	元	8 511	7 739	9.07%
	农业收入占比	—	79.16%	57.19%	
	其他收入占比	—	20.84%	42.81%	
家庭种植业结构	棉花	亩	9 109	0	
	大田玉米	亩	5 060	9 572	
	小麦	亩	2 702	9 572	
	制种西瓜	亩	不确定	5 512	
	孜然	亩	4 339	0	
	番茄	亩	5 677	8 218	
	总耕地面积	亩	32 874	32 874	0
家庭畜牧业结构	大羊	头	32 782	36 234	
	小羊	头		109 800	
	大牛	头	7 788	223	
	小牛	头	6 425	0	
	猪	头	11 340	0	
	驴	头	6 955	0	
家庭劳动力结构	全部劳动力	人	7 705	7 705	
	农业劳动力	人	7 140	7 455	
	非农劳动力	人	565	250	
水土资源匹配情况			水资源盈余，土地资源不足		

就农村经济收入情况而言，模型结果与实际情况的偏差为 9.07%，偏低的收入水平很可能是由于当地农民除了种植自身必需的粮食作物之外，还倾向于种植收益较高的经济作物，如制种西瓜、番茄等，而这些作物受市场因素的影响比较大，会使调研数据存在一定的偏差。

就种植业结构而言，从问卷调研和实地调研情况来看，模型显示的种植结构与当地的种植结构是比较符合的。高台罗城灌区作为棉花种植区，具备日照时间长、拥有盐碱地等适宜棉花生长的先天条件，但是一方面由于近十多年来，棉花种植收益不断下降、受到棉铃虫害影响、收益更高的替代物的出现，另一方面由于受到全国棉花市场的影响，特别是新疆棉花种植对市场的冲击，罗城灌区的棉花种植规模大幅度缩小，模型结果与现实情况是基本符合的。其他农作物的种植面积与罗城灌区 2013 年的实际数据虽有出入，但是基本能够反映罗城灌区的种植结构变化情况，并且结果显示的作物种植面积与实际耕地面积的偏差为 0，说明模型精度较高。

就畜牧业结构来看，模型结果是以养殖羊为主，这与实际情况是相符的，2013 年罗城灌区的养殖结构就是以羊为主，牛、猪的规模较小。

劳动力结构模型结果与 2013 年的实际情况基本是一致的，当然也存在与其他灌区相同的劳动力变动趋势。

最后，根据调研情况和统计数据，分析得到高台罗城灌区水资源盈余、土地资源不足的结论。

(4) 民乐益民灌区实际情况与模型结果的比较说明

表 5-6 是民乐益民灌区的实际情况和基准模拟结果的对比情况，从表中可以看出，民乐益民灌区模型的基准模拟结果在收入情况、种植业结构、畜牧业结构和劳动力结构上与 2013 年实际状况也比较相近。

就农村经济收入情况而言，模型结果与实际情况的偏差为 0.89%，模型结果人均纯收入为 7 138 元，比 2013 年的实际值略低，但基本与实际情况是相符的，除了存在与甘州盈科灌区类似的情况之外，当地马铃薯、中药材、油菜等规模化种植也造成了模型的部分偏差。由于规模化生产的家庭一定程度上存在生产决策与消费决策分离的特性，而 BEM 模型实质上是一种家庭生产经营与生活消费决策混合的模型，因此模型中农户家庭的最大利润值的模拟结果与实际情况会有一定偏差。

就种植业结构而言，从问卷调研和实地调研情况来看，模型显示的种植结构与当地的种植结构是比较符合的：民乐县的油菜全国闻名，马铃薯和中药材的种植也得到了当地政府的大力支持，据实地调研，民乐的马铃薯不是按斤出售，而是按个出售，也能侧面说明民乐县的马铃薯种植是得到政府支持的。而小麦由于受国家最低限价保护和农户自给情况的影响，种植面积也是非常可观的，这些在模型中都得到了一定的反馈。需要特别说明的是，由于民乐益民灌区存在大规模的土地流转情况，流转的土地面积大约占灌区总面积的70%，并且存在旱地种植靠天吃饭的情况，又由于BEM模型自身的条件限制，不能将外生的变量纳入模型中，因此，模型中的耕地面积约束需要排除流转的耕地面积，且模型结果显示的作物种植面积与农户实际耕地面积的偏差为0.32%，说明模型结果精度较高。

就畜牧业结构来看，模型结果主要是养殖羊、牛和猪，这与实际情况是相符的。实地调研了解到，民乐益民灌区一些村庄已经明确规定农户不许养猪，以避免对环境的污染，所以猪的养殖数量在减少。

此外，劳动力结构模型结果与2013年的实际情况基本是一致的，当然也存在同其他灌区相同的劳动力变动趋势。

最后，根据调研情况和统计数据，分析得到民乐益民灌区水资源不足、土地资源盈余的结论。

表5-6　民乐益民灌区BEM模型结果与2013年统计数据的对比分析

项目	内容	单位	2013年数据	模型结果	偏差
农村经济收入情况	人均纯收入	元	7 202	7 138	0.89%
	农业收入占比	—	34.83%	15.45%	
	其他收入占比	—	65.17%	84.55%	
家庭种植业结构	小麦	亩	40 199	25 737	
	马铃薯	亩	28 237	16 747	
	啤酒大麦	亩	42 105	11 699	
	大田玉米	亩	15 438	0	
	油菜	亩	4 060	43 346	
	中药材	亩	不确定	32 510	
	总耕地面积	亩	130 460（去除流转面积）	130 039	0.32%

（续）

项目	内容	单位	2013年数据	模型结果	偏差
家庭畜牧业结构	大羊	头	50 022	194 300	
	小羊	头		588 800	
	大牛	头	3 801	87 056	
	小牛	头	9 908	0	
	猪	头	49 892	18 196	
	驴	头	333	0	
家庭劳动力结构	全部劳动力	人	41 533	41 533	
	农业劳动力	人	32 722	36 528	
	非农劳动力	人	8 811	5 005	
水土资源匹配情况			水资源不足，土地资源盈余		

5.3 情景设计

基于子矢量DEA模型（Charnes，Cooper，Rhodes，1978；Färe，Grosskopf，Lovell，1994）测算的典型灌区主要作物灌溉技术效率值，可知典型灌区主要作物灌溉技术效率均存在提升空间（李贵芳，周丁扬，石敏俊，2019）。但是某种作物灌溉技术效率的提升与其他作物灌溉技术效率是否提升无关，即某种作物灌溉技术效率提升只与研究区内种植该作物的农户生产投入情况有关，与其他作物无关。与此同时，作物灌溉技术效率的提升是一个动态变化的过程，会受到农户生产管理能力、耕作需求以及对风险的态度等多种因素的影响。因此，在研究水资源管理政策对农户行为影响的过程中，对灌溉技术效率提升设置了不同的档次，旨在探究在作物灌溉技术效率提升的过程中，水资源转移政策对农户行为的影响。

借鉴相关研究（王晓君，石敏俊，王磊，2013）和研究区实际调研情况，将水资源转移政策的内容界定为加强水资源管理、加强土地开垦管理的政策和相关补偿政策。不同情景的设计依据如下：

第一，模拟情景。该情景是在基准情景的基础上通过放宽土地约束实现的，旨在模拟在既不进行土地资源管理又不进行水资源进行管理的情景下，压缩的灌溉用水会使农户经济行为发生怎样的变化，以便与基准情景进行对比。

第二，政策情景。该情景是在模拟情景的基础上通过改变水土资源约束实现的，旨在反映不同政策或政策组合下，压缩的灌溉用水对农户行为的影响，与模拟情景形成对比，以探讨不同政策的实施效果。一方面，基于作物灌溉技术效率提升压缩的灌溉用水量相对较少，即便是将压缩的灌溉用水转移到其他部门，只要整个灌区的水资源仍有盈余，那么农户还会继续扩张耕地，在这种情况下，水资源管理政策的实施需要土地资源管理政策的配合；另一方面，平原灌区、北部荒漠灌区存在产权不够明确的未利用荒地，特别是处于绿洲边缘区的北部荒漠灌区，尚有大面积未开垦土地，当灌区拥有更多灌溉用水时，这些土地资源可能为农户进一步开垦土地提供了条件，且沿山灌区土地资源丰富，但由于受水资源限制农户流转土地现象突出，当有更多的灌溉用水时，农户的土地流转情况可能会发生变化。因此，水资源管理政策和土地资源管理政策是联系在一起的，本书提到的加强土地开垦管理即严格限制耕地开垦，加强水资源管理即将压缩的灌溉用水转移到其他部门。

第三，补偿情景。该情景是在政策情景基础上通过调整目标函数和相应因变量实现的。加强水资源管理必然减少农户灌溉用水，影响地区经济发展和社会安定，因此引入补偿情景，以配合水资源管理政策的实施、弥补因政策性转移灌溉用水带给农户的经济损失，促进部门间协调发展。

表 5-7 给出不同情景的具体含义。其中，基准情景：2013 年不同灌区实际状况的优化模拟，是其他情景实现和对比的基础；模拟情景：旨在模拟既不进行土地资源管理又不进行水资源进行管理的情景，即模拟在没有政策约束的情况下，农户行为的变化；政策情景：包含三部分，即分别探讨在仅加强土地开垦管理、仅加强水资源管理和同时加强水资源和土地开垦管理情景下农户土地利用行为的变化，旨在对比不同政策或政策组合背景下农户行为的变化和政策实施效果；补偿情景：在同时加强水资源和土地资源管理的情景基础上，第一，借鉴相关研究（王晓君，石敏俊，王磊，2013），设置工业部门以作物单方水效益为交易水价补偿给农户的补偿情景，第二，考虑到张掖市存在农村劳动力剩余问题，并且 2013 年张掖市非农劳动力就业比例在 20%左右，探索政府通过提高非农就业比例来弥补农户损失的情景（刘玉，2007）。

表 5-7　情景设计一览

情景	情景代码	情景解释
基准情景	A	2013 年不同灌区实际状况的优化模拟
模拟情景	B （B1、B2、B3、B4）	在水资源总量约束不变的条件下，模拟作物灌溉技术效率分别提高到最高水平的 20%（B1）、50%（B2）、80%（B3）和 100%（B4）时，在放宽土地约束的情境下，农户土地利用行为的变化情况
政策情景	C1	加强土地开垦管理＋作物灌溉技术效率提升
	C2	加强水资源管理＋作物灌溉技术效率提升
	C3	加强土地开垦管理＋加强水资源管理＋作物灌溉技术效率提升
补偿情景	D1	C3＋工业部门以作物单方水效益为交易水价补偿给农户
	D2	C3＋非农就业比例提升至 20%

5.4　BEM-DEA 模型的实现过程

以北部荒漠高台罗城灌区主要农作物灌溉技术效率提升到最高水平的 20%为例说明不同情景的操作步骤，参数变换见表 5-8。

第一，基准情景（A）：依据 2013 年灌区农户生产消费数据集构建参数表，在 GAMS 软件平台编写程序、调试模拟基准情景，并参照《高台县统计年鉴 2014》分析模型精度。

第二，模拟情景（B）：依据北部荒漠高台罗城灌区主要农作物灌溉技术效率测度结果，当主要作物灌溉技术效率达到目前的最高水平时，棉花、制种西瓜和玉米套小麦的亩均灌溉用水可由目前的 432.33 立方米、437.99 立方米和 440.97 立方米，分别下降至 223.00 立方米、285.05 立方米和 339.59 立方米。当灌溉技术效率提升到最高水平的 20%时，棉花、制种西瓜和玉米套小麦的亩均灌溉用水可由目前的 432.33 立方米、437.99 立方米和 440.97 立方米，分别下降至 390.464 立方米、407.402 立方米和 420.694 立方米。

在操作过程中，保持其他参数不变，用灌溉技术效率提升到最高水平的 20%的主要农作物灌溉用水参数代替 crop——作物投入产出参数表中的作物灌溉用水参数。同时，放宽土地约束，即将土地资源上限放宽为统计的耕地面积与灌区未利用土地之和，以模拟作物灌溉技术效率提升到最高水平的20%条件下放宽土地约束的情景（B1）。以此类推，分别模拟作物灌溉技术效率提升到最高水平的50%（B2）、80%（B3）和100%（B4）条件下放宽土地约束的情景。

第三，政策情景：首先，仅加强土地开垦管理（C1），即在模拟情景B1的基础上，保持其他参数不变，将土地资源约束上限改为统计的耕地面积，严格限制土地开垦的情景；其次，仅加强水资源管理（C2），即在模拟情景B1的基础上，通过调整water——水资源参数表，将压缩的灌溉用水，即将各类主要农作物实际种植面积与对应作物的亩均压缩用水量乘积之和的水量转移到其他部门，模拟减少灌区灌溉用水总供给的情景；最后，同时加强水资源和土地开垦管理（C3），即在模拟情景B1的基础上，同时将土地资源约束上限改为统计的耕地面积并降低灌区农业用水总供给的情景。

第四，补偿情景：首先，工业部门以作物单方水效益为交易水价补偿给农户（D1），即在政策情景C3的基础上，调整目标函数，将转移灌溉用水获得的纯收入，即将各类主要农作物的压缩灌溉用水量与对应作物单方水效益乘积之和作为灌区转移灌溉用水的资金收入加到目标函数中，以考察工业部门以作物单方水效益为交易水价能否补偿农户收入；其次，20%非农就业比例（D2），即在政策情景C3的基础上，按照20%的非农就业比例，调整灌区总劳动力、灌区农业劳动力和灌区非农劳动力等因变量的数值，以考察非农就业比例增加能否弥补农户因政策性节水导致的损失。

表5-8　高台罗城灌区主要农作物灌溉技术效率提升到最高水平的20%的情景实现步骤

参数	A	B（B1）	C1（B1）	C2（B1）	C3（B1）	D1（B1）	D2（B1）
灌溉用水（立方米/公顷）	棉花：6 485；制种西瓜：6 570；玉米套小麦：6 615	棉花：5 857；制种西瓜：6 111；玉米套小麦：6 310					
总用水量（万立方米）	2 317.31	2 317.31	2 317.31	2 264.38②	2 264.37	2 264.37	2 264.37
耕地面积（公顷）	2 192	63 485①	2 192	63 485	2 192	2 192	2 192
非农劳动力（人）	924	924	924	924	924	924	1 541
农业劳动力（人）	6 466	6 466	6 466	6 466	6 466	6 466	5 849
总劳动力（人）	7 705	7 705	7 705	7 705	7 705	7 705	7 705

注：①63 485=2 192+61 293（高台罗城灌区未利用土地面积）；②22 643 824（立方米）=23 173 100−(6 485−5 857)*337−(6 570−6 111)*289−(6 615−6 310)*607。

5.5 结果与讨论

根据情景设计，水资源、土地资源、劳动力和资金是农业生产的主要影响要素。影子价格可以反映相关资源的稀缺程度，为下文分析不同情境下农户行为的变化提供重要依据。在基准情景 A 的基础上，根据 BEM 模型得到水资源、土地资源、劳动力和资金的影子价格，见表 5-9。从表中可以看出，甘州大满灌区、甘州盈科灌区和民乐益民灌区水资源的影子价格均大于实际价格，并且民乐益民灌区水资源的影子价格最高，说明民乐益民灌区的水资源最为稀缺，这与 2013 年的实际调研情况是相符的；除了高台罗城灌区的土地资源影子价格大概是实际价格的 5 倍，其他灌区的土地资源价格均低于实际价格，说明土地资源是高台罗城灌区农业生产的主要制约因素。劳动力和资金不是灌区的制约因素。

表 5-9 典型灌区作物主要生产因素的影子价格

影子价格	甘州大满灌区		甘州盈科灌区		高台罗城灌区		民乐益民灌区	
	现实情况	基准情景 A	现实情况	基准情景 A	现实情况	基准情景 A	现实情况	基准情景 A
水资源（元/立方米）①	0.12	1.26	0.12	1.85	0.12	0.12	0.12	3.03
土地资源（元/公顷）②	7 785	0	7 800	1 737.09	3 000	16 464.08	6 420	0
农业劳动力（元/人）③	100	4 月：56.10；7 月：12.78；其他月份是 0	130	4 月和 7 月：12.78；8 月：7.83；其他月份是 0	100	7 月：17.43；8 月：22.33；其他月份是 0	80	3 月：12.43；4 月：11.21；8 月：0.46；其他月份是 0
资金（元）④	0.07	0	0.08	0	0.08	0	0.07	0.243

注：①灌溉用水的价格根据调研得到；②土地资源的价格以灌区农户土地流转平均值来表示；③劳动力的价格以雇工的平均工资表示；④资本的价格以贷款利息来表示。

5.5.1 模拟情景结果分析

相比基准情景，在作物灌溉技术效率提升背景下模拟放宽土地约束情景，结果见图 5-2、表 5-10 和表 5-11。其中，甘州大满灌区耕地面积呈先下降后上升的趋势，随着灌溉技术效率从 50%提升至 100%，耕地面积以下降的速度上升。作物种植结构变化：当制种玉米灌溉技术效率提升到最高水平的 20%时，种植面积减少 6.21%，陆地蔬菜的种植面积增加了一倍，制种玉米、大田玉米和小麦的种植面积会下降，灌区经济收入上升。随着制种玉米灌溉技术效率的进一步提升，作物种植面积呈上升趋势，当提升到最高水平的 100%时，种植面积增加了 51.89%，压缩的制种玉米灌溉用水被用于扩大耕地面积，但农户不再种植蔬菜，而是增加制种玉米的种植面积，这是因为制种玉米灌溉用水量在不断降低，农户投入成本减少，制种玉米单方水效益增加，在水资源相对稀缺的情况下农户会扩大其种植面积；在此情景下，作物种植规模的扩大和制种玉米投入成本的减少使灌区人均纯收入相比基准情景增长了 8.90%。甘州盈科灌区与大满灌区不同，当大田玉米灌溉技术效率提升到最高水平的 100%时，灌区作物种植面积降低了 27.24%，农户会选择单方水效益较高的大棚蔬菜，但灌区人均纯收入相比基准情景增加了 4.36%。

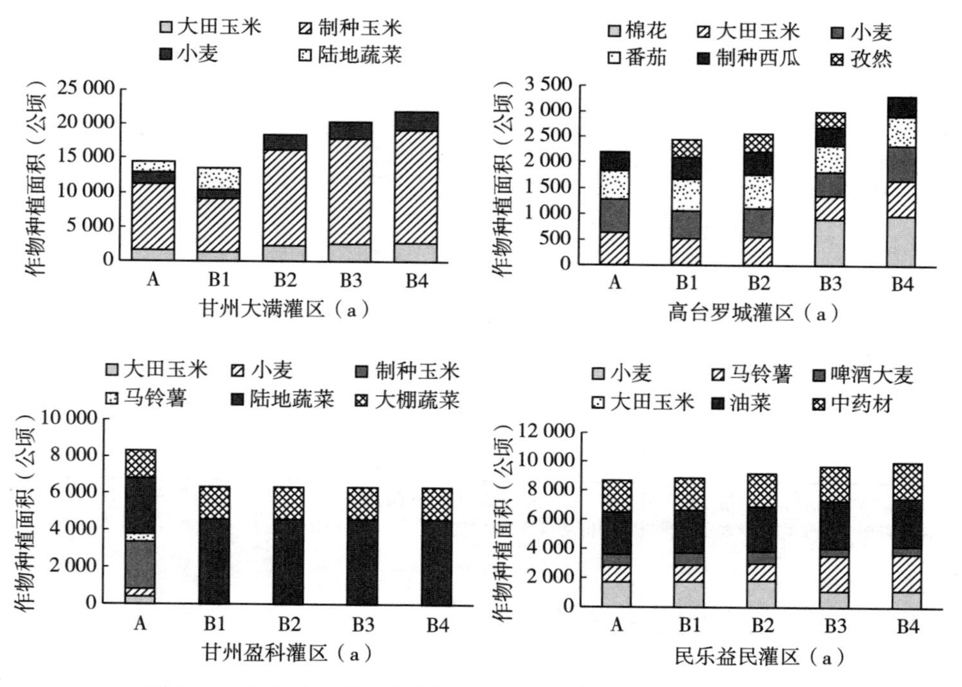

图 5-2　放宽土地约束情景（B）下典型灌区种植结构变化情况

5.5.2 政策情景结果分析

（1）政策情景 C1：作物灌溉技术效率提升背景下加强土地开垦管理

在作物灌溉技术效率提升背景下模拟加强土地开垦管理情景，结果见图 5-3、表 5-10 和表 5-11。其中，甘州大满灌区水多地少，加强土地开垦管理，农户会把压缩的农业用水用于增加制种玉米的种植面积。灌区人均纯收入相比放宽土地约束情景是减少的，但比基准情景却略微上升，可能是作物结构调整导致的。

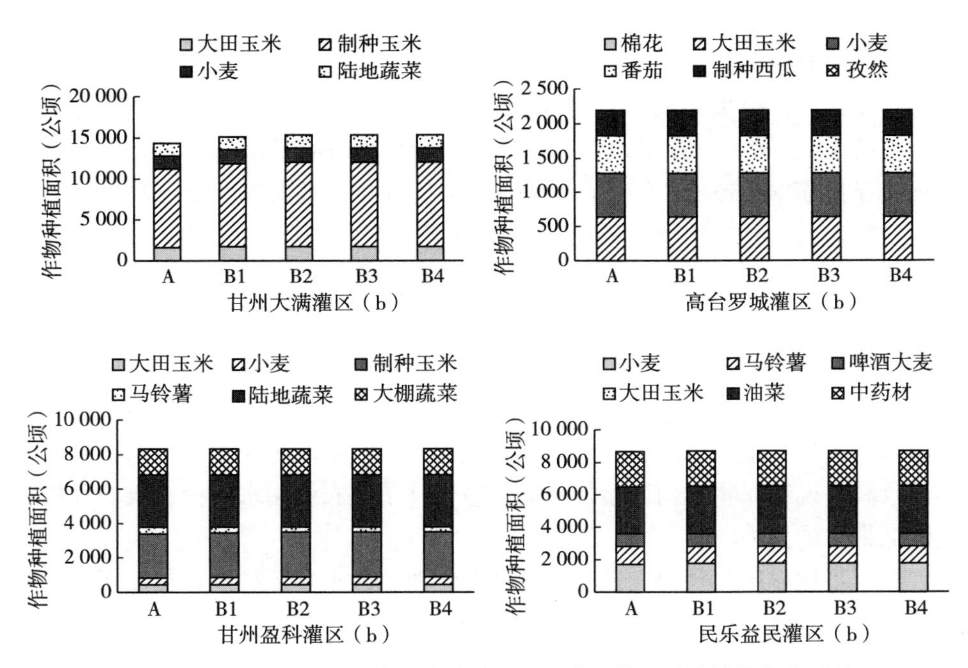

图 5-3 加强土地开垦管理情景（C1）下典型灌区种植结构变化情况

甘州盈科灌区水土资源基本是匹配的，在加强土地开垦管理情景下，水资源相对盈余，而土地资源变得稀缺，因为蔬菜种植面积受到自然条件的限制，农户会增加制种玉米的种植面积。高台罗城灌区水多地少，加强土地开垦管理作物种植结构不变。民乐益民灌区水少地多，当灌区可用的灌溉用水增加时，水资源略微盈余，小麦和大麦的种植面积略微上升，但是相比基准情景变化不大。此外，这三个灌区的人均纯收入也呈略微上升趋势。

可见，在作物灌溉技术效率提升背景下模拟加强土地开垦管理的情景中，平原灌区会增加制种玉米的种植面积，北部荒漠灌区和沿山灌区的作物种植结构基本不变。各个灌区人均纯收入相比放宽土地约束情景是下降的，但比基准情景却略有上升。

（2）政策情景C2：作物灌溉技术效率提升背景下加强水资源管理但放宽土地约束

在作物灌溉技术效率提升背景下模拟加强水资源管理但放宽土地约束的情景，结果见图5-4、表5-10和表5-11。其中，甘州大满灌区水资源盈余，随着作物灌溉技术效率的提升，虽然从农业部门转移的灌溉用水增加了，但灌区水资源仍有盈余，在放宽土地约束的情况下，农户仍会继续开垦耕地，只是耕地扩张面积比模拟情景B大幅下降。例如，当作物灌溉技术效率提升到最高水平的100%时，相比基准情景作物种植面积只增加了9.97%，相比模拟情景B却下降了27.60%，可见，加强水资源管理会在很大程度上限制农户的土地开垦行为。此外，作物种植结构与模拟情景B相同，人均纯收入相比基准情景基本不变，但相比模拟情景B下降较多，原因是灌溉用水转移制约了农户通过扩大生产规模获得收益。

甘州盈科灌区在加强水资源管理和放开土地约束的情景下，仍然会只种植大棚蔬菜，但其种植面积会受到水资源量的影响，即转移到工业部门的灌溉用水越多，大棚蔬菜种植面积越小。人均纯收入虽然略低于模拟情景B，但比基准情景高，说明作物结构调整带来的收益弥补了因农业用水减少造成的种植规模降低带来的损失。

高台罗城灌区与甘州大满灌区的情况类似，因水资源盈余，在加强水资源管理但放宽土地约束情景下，土地开垦面积会增加，但与模拟情景B相比开垦规模在减小。作物种植结构与模拟情景B相同。人均纯收入相比基准情景增加，只是增加的幅度比模拟情景B要小。

民乐益民灌区水资源稀缺，在加强水资源管理的情景下，作物种植面积会降低，作物结构调整方向与模拟情景B一样，经济作物的种植面积会提高。但是人均纯收入相比基准情景和模拟情景B都有明显的降低。可见，加强水资源管理会降低水资源稀缺地区的经济收入。

综上，作物灌溉技术效率提升背景下加强水资源管理但放宽土地约束会大幅度降低农户土地开垦强度，影响灌区作物种植结构。与其他灌区相比，水资源稀缺灌区的经济收入会明显减少。

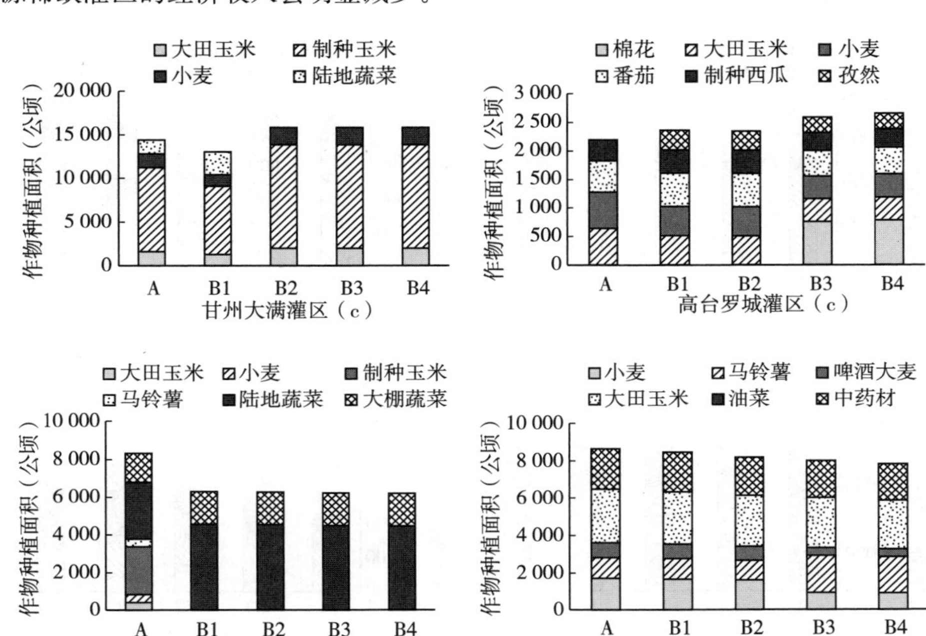

图 5－4　加强水资源管理情景（C2）下典型灌区种植结构变化情况

（3）政策情景 C3：作物灌溉技术效率提升背景下加强水资源和土地开垦管理

在作物灌溉技术效率提升背景下模拟加强水资源和土地开垦管理情景，结果见图 5－5、表 5－10 和表 5－11。其中，甘州大满灌区在实施加强水资源和土地开垦管理政策的情景下，农户仍然以扩大制种玉米种植面积为主；但随着灌溉技术效率的提升，人均纯收入会逐渐低于仅实施水资源管理政策的情景，说明同时加强水土资源管理会严格限制土地开垦，但会进一步降低农户经济收入。甘州盈科灌区则会降低大田玉米、制种玉米和小麦的种植面积，增加马铃薯的种植面积；同样，人均纯收入低于仅实施加强水资源管理的情景。高台罗城灌区种植结构和人均纯收入相比仅加强水资源管理情景基本不发生变化，因为在加强土地开垦管理的情况下转移灌区盈余水资源不会对灌区生产经营造成影响。民乐益民灌区水资源稀缺，同时实施加强水资源和土地开垦管理的政策相比仅实施加强水资源管理情景不会使灌区的种植结构和人均纯收入改变。

可见，在作物灌溉技术效率提升背景下同时实施加强水资源和土地开垦管

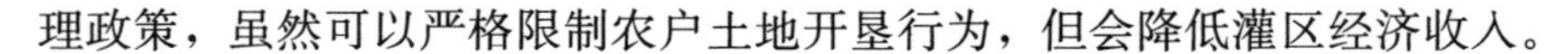

理政策，虽然可以严格限制农户土地开垦行为，但会降低灌区经济收入。

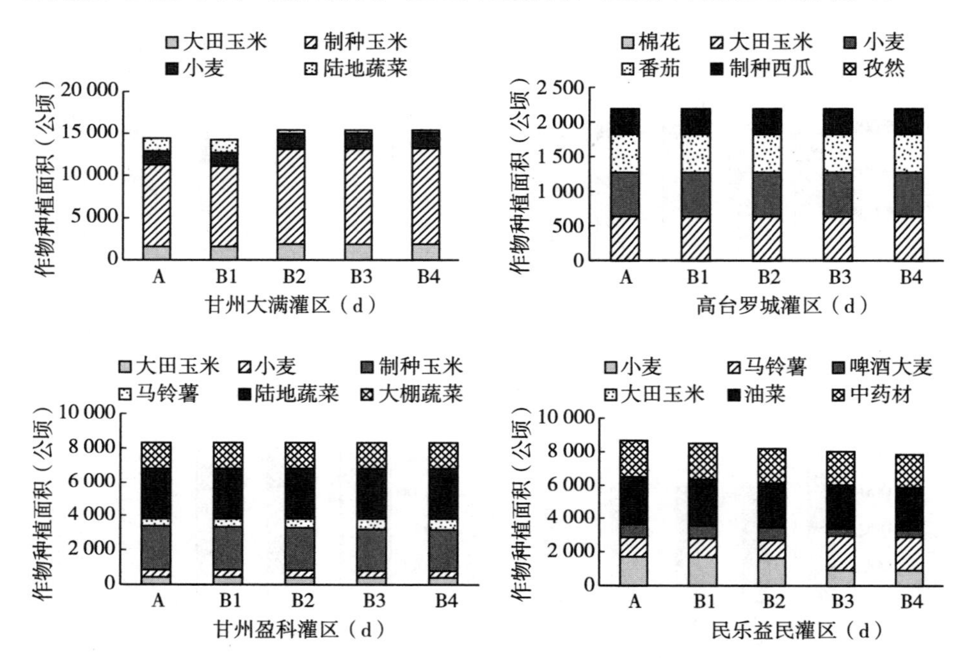

图 5-5　加强水资源和土地开垦管理情景（C3）下典型灌区种植结构变化情况

表 5-10　典型灌区不同情景下作物种植面积变化情况

单位：公顷

研究区域	情景	B1	B2	B3	B4
甘州大满灌区	A	14 407			
	B	13 513	18 408	20 348	21 884
	C1	15 153	15 360	15 360	15 360
	C2	13 065	15 868	15 854	15 844
	C3	14 224	15 361	15 360	15 360
甘州盈科灌区	A	8 322			
	B	6 055	6 055	6 055	6 055
	C1	8 322	8 322	8 322	8 322
	C2	6 032	5 997	5 962	5 939
	C3	8 322	8 322	8 322	8 322

（续）

研究区域	情景	B1	B2	B3	B4
高台罗城灌区	A	2 192			
	B	2 440	2 564	2 996	3 302
	C1	2 192	2 192	2 192	2 192
	C2	2 358	2 350	2 587	2 653
	C3	2 192	2 192	2 192	2 192
民乐益民灌区	A	8 669			
	B	8 866	9 652	10 179	9 971
	C1	8 697	8 697	8 697	8 697
	C2	8 486	8 185	8 027	7 832
	C3	8 486	8 185	8 027	7 832

表 5-11 典型灌区不同情景下人均纯收入变化情况

单位：元

研究区域	情景	B1	B2	B3	B4
甘州大满灌区	A	8 818			
	B	8 939	9 122	9 390	9 603
	C1	8 921	8 962	8 977	8 987
	C2	8 795	8 777	8 793	8 803
	C3	8 804	8 793	8 777	8 782
	D1	9 060	9 433	9 546	9 742
	D2	8 847	8 933	8 939	8 943
甘州盈科灌区	A	9 179			
	B	9 579	9 579	9 579	9 579
	C1	9 187	9 193	9 194	9 194
	C2	9 562	9 537	9 512	9 495
	C3	9 176	9 170	9 164	9 159
	D1	9 184	9 190	9 196	9 200
	D2	9 627	9 622	9 615	9 611

（续）

研究区域	情景	B1	B2	B3	B4
高台罗城灌区	A	7 740			
	B	7 963	8 108	8 380	8 857
	C1	7 745	7 736	7 744	7 759
	C2	7 846	7 843	7 918	8 000
	C3	7 745	7 736	7 744	8 000
	D1	7 893	8 107	8 511	8 338
	D2	8 320	8 328	9 615	8 336
民乐益民灌区	A	7 138			
	B	7 182	7 249	7 328	7 389
	C1	7 147	7 150	7 153	7 155
	C2	7 102	7 042	6 983	6 945
	C3	7 102	7 042	6 983	6 945
	D1	7 242	7 297	7 392	7 455
	D2	8 233	8 172	8 114	8 076

5.5.3 补偿情景结果分析

在作物灌溉技术效率提升背景下模拟加强水资源和土地开垦管理并引入补偿机制的情景，结果见表 5-11。当工业部门以作物单方水效益为交易水价将转移农业用水的损失补偿给农户时，相比加强水资源和土地开垦管理情景，农户的损失可以得到补偿；当政府将灌区非农就业比例增加至 20%时，非农劳动力收入的增加也能弥补因加强水资源和土地开垦管理给农户造成的损失。此外，这两种补偿情景不会影响灌区作物种植面积和种植结构。

5.6 本章小结

从以往的黑河流域水资源管理经验来看，提升水资源利用效率并不能降低农业用水需求，也不会实现用水结构的优化，需要制定更为高效的流域管理政策以规避灌溉节水反弹、促进水资源的优化配置、保证最严格水资源管理制度的实施成效。本章基于作物灌溉技术效率的测度结果，通过构建 BEM－DEA 模型，探讨了作物灌溉技术效率提升背景下水资源转移政策的农户行为响应情况。模型拟合结果显示：第一，在放宽土地约束情景下，随着作物灌溉技术效率的提升，农户会将压缩的灌溉用水用于开垦土地，扩大农业生产，出现节水反弹现象。但是土地开垦强度与作物灌溉技术效率提升比例之间不必然存在正比关系，说明农户开垦土地是受多种因素影响的。农户会增加经济作物种植面积，灌区经济收入增加。第二，加强土地开垦管理背景下水资源盈余的平原灌区会增加制种玉米的种植面积，北部荒漠灌区和沿山灌区的作物种植结构基本不变。相比基准情景，灌区经济收入不会减少。第三，转移水资源会大幅降低农户土地开垦强度，提高经济作物种植面积。与其他灌区相比，沿山灌区的经济收入会明显减少。第四，同时实施加强水资源和土地开垦管理的政策，可以严格限制农户土地开垦行为，但会降低灌区收入。第五，工业部门以作物单方水效益为交易水价补偿给农户或将非农就业比例提升至 20％等方式可以弥补因加强水资源和土地开垦管理给农户造成的经济损失。

在实践中，由于不同灌区自然条件不同，农户行为响应情况存在差异，为了实现流域可持续发展，需要因地制宜地实施相关政策。首先，对于水资源盈余、土地资源不足的地区，应同时实施加强水资源管理和加强土地开垦管理的政策，在转移灌溉用水的同时，严格限制土地开垦，并辅以补偿政策，兼顾资源保护和经济发展；其次，对于水土资源匹配的地区，仅实施加强水资源管理政策即可，但须根据灌区作物种植结构的变化判断是否实施补偿政策；最后，对于水资源短缺、土地资源充足的地区，则须采用加强水资源管理并辅以补偿的政策。

6 黑河流域农业用水转移为生态用水的生态补偿标准研究

6.1 引言

流域生态补偿机制是一种使外部成本内部化的环境经济手段，能够协调流域经济发展和生态建设，建设有效的生态补偿机制是黑河流域管理的最终目标。21世纪以来，黑河中游绿洲边缘地区的耕地面积不断扩张，导致灌溉用水的需求不断增加，再加上中游长期承担为下游分水的政治任务，使得绿洲和沙漠过渡带出现严重的土地沙化、沙尘天气、公益林面积减少、地下水水位下降等生态环境问题。随着最严格水资源管理制度的实施，地区用水总量不断减少，绿洲边缘区农业部门和生态部门的用水矛盾不断升级，必须加强对有限水资源的管理，以平衡流域经济发展和生态建设。目前已有学者利用CVM或者CE模型测算了黑河流域居民对生态环境改善的支付意愿（张志强等，2004；吴枚烜，2017；徐涛，赵敏娟，乔丹，2018；徐涛，2018；Khan et al.，2019）。但相关研究的重点是评估流域水资源的生态系统服务价值，较少从农户转移灌溉用水的机会成本的角度研究将黑河中游绿洲边缘区农业用水转移给当地生态部门的生态补偿标准。

前面章节的研究结果显示，中游典型灌区主要农作物灌溉用水存在节水潜力（李贵芳，周丁扬，石敏俊，2019），将节省的灌溉用水转移给生态部门是遏制绿洲扩张和改善生态环境的有效途径之一，但这必然会减少农户的农业发展机会，降低其福利水平，需要对农户给予补偿（Li et al.，2019）。本章基于2019年农户调研数据，运用两阶段二分式CVM，重点研究给予农户多少补偿他们愿意把农业用水转移给当地生态部门，以实现部门间用水的转移，保护生态环境，完善水资源转移政策，促进地区经济社会和生态建设的协调发展。

6.2 两阶段二分式 CVM 的问卷设计及调查实施

6.2.1 CVM 经济学原理

Lancaster 理论认为，消费者消费某一物品/服务所获得的效用可分解为对该物品/服务的各个特征属性消费所获得的效用（唐增，徐中民，2008）。假设消费者对市场商品和环境物品的偏好存在差异，消费者对市场商品的消费量可以根据个人可支配收入和商品价格进行自由决定，用 Q 表示，对环境物品的消费量是不能够自由决定的，用 E 表示，消费者的效用函数表示为 $u(q, e)$。消费者对市场商品的消费量 q 取决于其可支配收入 y 和市场商品的价格 p。在可支配收入既定的前提下，消费者是追求自身效用最大化的，其效用函数为：

$$\max u(q, e) \tag{6-1}$$

可支配收入是其约束条件：$\sum p_i q_i \leqslant y$。

得到消费者对市场商品的需求函数为：

$$x_i = h_i(p, e, y) \tag{6-2}$$

其中，$i=1, 2, 3, \cdots, n$ 为市场商品的种类。

令消费者的间接效用函数为：

$$v(p, e, y) = u[h(p, e, y), e] \tag{6-3}$$

式中，效用是消费者可支配收入、市场商品价格和环境物品数量的函数。

假定 p、y 不变，当某种环境物品数量 e 从 e_0 上升至 e_1，消费者的效用从 $u_0=v(p, e_0, y)$ 上升至 $u_1=v(p, e_1, y)$。假设环境物品数量的改变是改进的，即 $e_1 \geqslant e_0$，则有 $u_1=v(p, e_1, y) \geqslant u_0=v(p, e_0, y)$。则间接效用函数为：

$$v(p, e_1, y-a) = v(p, e_0, y) \tag{6-4}$$

其中，a 为被调查者为环境物品改进支付的金额，即当环境物品数量 e 从 e_0 上升至 e_1，为了保证消费者效用在变化前后一致，消费者愿意为此支付的金额，即 WTP。同理，如果环境物品数量 e 从 e_0 下降至 e_2，总的环境物品价值下降，消费者效用从 $v(p, e_0, y)$ 下降到 $v(p, e_2, y)$，假如 $v(p, e_2, y+b)=v(p, e_0, y)$，则 b 就是消费者面对环境物品价值下降而愿意接受的最小补偿额，即 WTA。

基于上述理论，本书运用 CVM 估算农户受偿意愿。但是与理论模型的不同之处在于，将农户的灌溉用水转移到生态部门的同时，农户也享有生态环境改善带来的效用，即理论上农户的受偿意愿值会小于将灌溉用水转移到工业或其他非生态部门的成本。如图 6-1 所示，当水资源数量 e 从 e_0 下降至 e_2 时，理论上农户的效用水平将下降至 U_2 的水平，状态变为 A_2，理论上的 WTA 应该是 WTA_1。但是农户得到环境改善带来的效用，实际效用水平处于 U_3，略高于 U_2，状态为 A_3，想要维持效用水平不变，必须给予农户货币补偿，WTA_2 表示农户实际最低受偿意愿，这一补偿可以使消费者达到最终状态 A'_0，并且这时的 WTA_2 低于理论值 WTA_1。

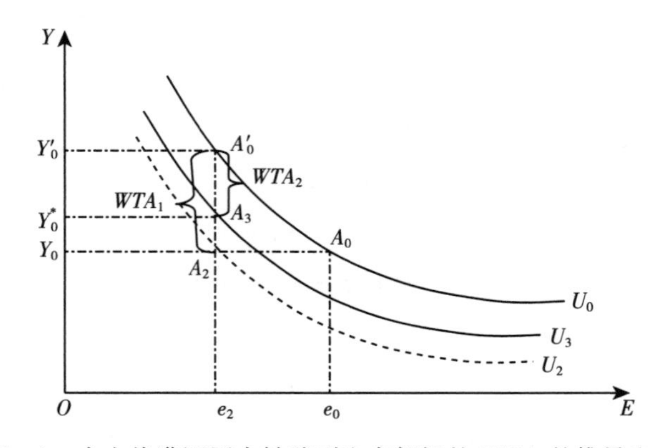

图 6-1　农户将灌溉用水转移到生态部门的 WTA 的推导和演示

6.2.2　问卷设计与偏差处理

由于离散型两阶段二分式问卷能够通过受访者对提示金额的回答确定其最大支付意愿或最小受偿意愿，更能模拟市场的定价行为（Hammitt，Graham，1999），故本书采用两阶段二分式问卷技术设计问卷。Lancaster 理论认为，消费者消费某一物品/服务所获得的效用可分解为对该物品/服务的各个特征属性消费所获得的效用。在具体应用中，首先要识别出拟评估的对象（如商品、拟设计的方案）所涉及的关键属性以及各属性相对应的不同水平；而随机效用理论则是建立计量模型的主要依据。鉴于此，本书首先设计一个虚拟市场，为被调查者提供一个可以理解的评价背景，主要包括地区生态环境变化和开垦土地对生态环境的影响。评价对象是农户把节省的灌溉用水用于本地生态环境保护的机会成本，调查对象是绿洲边缘区农户。调查问卷包括背景知识和调查问题两部分。其中，调查问题包括农户的家庭基本信息、土地利用和作物投入产出等社会经济情况，农户生态保护意识以及被调查者转移灌溉用水的受偿意愿。

图 6－2 给出了基于两阶段二分式 CVM 的农户受偿意愿提问方式。表 6－1 根据相关研究和预调研情况，结合地区发展规划将灌溉用水的评价属性分为盐碱地面积、风沙天气和防护林面积 3 个生态指标和 1 个受偿意愿指标。根据灌溉用水不同属性指标值和两阶段提示金额的设置情况，设置农户转移灌溉用水的 WTA 问题，详见附录 2 问题（15)～(23)。

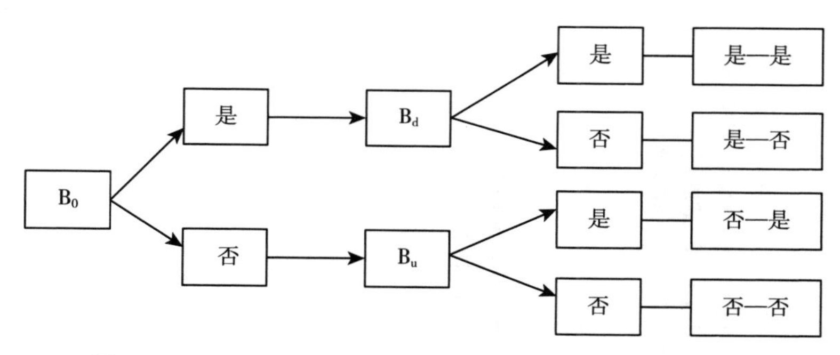

图 6－2　基于两阶段二分式 CVM 的农户受偿意愿提问方式

为了进一步分析农户转移灌溉用水 WTA 的影响因素，调研中还对与被调查者相关的社会经济变量和被调查者的生态保护意识进行了调查。其中，社会经济变量主要包括被调查者的年龄、被调查者的受教育程度、被调查者家庭人口数、被调查者的家庭收入和支出情况、补贴情况、耕地情况、灌溉情况以及作物投入产出情况等。生态保护意识主要包括农户是否有开垦行为、是否认为开垦耕地挤占了生态用水、对周围生态环境变化的感知情况以及是否愿意接受补偿等。此外，需要对该方法存在的偏差进行规避和处理。表 6－2 给出了偏差的类型和处理方式（王双英，2012）。

表 6-1　农户转移灌溉用水的评价属性、属性含义、水平值及选取依据

属性	含义	水平值	选取依据
盐碱地面积	通过灌水排碱、挖沟排阴、植树造林等措施降低农户开垦荒地的盐碱地面积，增强绿洲沙漠过渡带的缓冲功能，同时也可以增加农户收益	现状水平：临泽县平川镇、蓼泉镇、鸭暖镇的盐碱地面积分别为 13 852 亩、11 724 亩、19 050 亩；高台县罗城镇耕地面积 64 100 亩，全是盐碱地 目标值：到 2028 年，各乡/镇盐碱地面积均减少 15%	黑河中游绿洲边缘区的农户存在大规模开垦荒地的行为，但是开垦的荒地大多碱性比较大，甚至有很大一部分是沙地，作物产量得不到保障。通过调研甘州区、临泽县、高台县农业农村局、林业和草原局盐碱地的治理规划，在 2001—2011 年，其治理的盐碱地比例大概占 15%，以此确定盐碱地下降比例
风沙天气	沙尘源头额济纳旗年度扬沙天数，与居民健康以及特色农业种植情况密切相关	现状水平：张掖市年平均扬沙天数 44 天 目标值：到 2028 年，降低到 30 天	扬沙天气对绿洲边缘地区设施农业的影响较大，特别是每年开春的沙尘天气会直接导致玉米、蔬菜等作物减产
防护林面积	保证前两轮退耕还林的面积不萎缩，增强绿洲沙漠过渡带防护林的防护作用	现状水平：临泽县 2017 年防护林面积 31 512.5 亩，其中平川镇 486 亩、蓼泉镇 586.4 亩、鸭暖镇 1 379.3 亩；罗城乡林地面积 35 800 亩 目标值：到 2028 年不减少	在对张掖市林草局退耕办退耕还林取得成效以及未来规划的调研中，相关人员反映张掖市 2000 年左右开始实施退耕还林政策，经过前两轮的退耕还林取得了显著的成效，临泽县和高台县的防护林面积增加了十多万亩，但是防护林灌溉水和农业灌溉水的价格是一样的，如果没有退耕还林补贴，农户基于自身利益考虑不愿意对此进行投入，而新一轮退耕还林政策对过去建设的防护林也没有优惠。因此，前两轮建立的防护林面临萎缩。为了保护绿洲边缘地区的生态环境，保证前两轮退耕还林种植的防护林不萎缩，有必要对其进行保护

（续）

属性	含义	水平值			选取依据
受偿金额	制种玉米	较低投标值［元/(亩·年)］	初始投标值［元/(亩·年)］	较高投标值［元/(亩·年)］	根据预调研情况，平原灌区制种玉米的每亩平均灌溉用水在850立方米左右，与2013年的灌溉情况基本一致。主要考虑灌溉费用投入的农户可以接受按照水价或者水价的2倍进行补偿；考虑制种玉米收益的农户按照作物投入产出情况确定最低补偿金额意愿，绿洲核心区农户表示最低受偿金额是500元/(亩·年)，绿洲边缘区农户表达的最低受偿意愿在200～500元/(亩·年)。由此，得到制种玉米的受偿区间是60～500元/(亩·年)。因此，设置5个提示金额（初始投标值）：90、120、200、300、400元/(亩·年)
		60	90	120	
		90	120	200	
		120	200	300	
		200	300	400	
		300	400	500	
	大田玉米	较低投标值［元/(亩·年)］	初始投标值［元/(亩·年)］	较高投标值［元/(亩·年)］	根据预调研情况，平原灌区大田玉米的每亩平均灌溉用水在800立方米左右，与2013年的灌溉情况基本一样。多数农户能够接受按照水价进行补偿，以此确定大田玉米的受偿区间是40～100元/(亩·年)。设置3个提示金额（初始投标值）：55、70、85元/(亩·年)
		40	55	70	
		55	70	85	
		70	85	100	
	制种西瓜	较低投标值［元/(亩·年)］	初始投标值［元/(亩·年)］	较高投标值［元/(亩·年)］	罗城乡花墙子村、红山村和罗城村等是种植制种西瓜的主要样本点，目前制种西瓜每亩的灌溉用水在500～600立方米，农户表示转移制种西瓜灌溉用水的受偿区间是200～400元/(亩·年)，主要是考虑到水价、制种西瓜人工投入等因素。设置3个提示金额（初始投标值）：250、300、350元/(亩·年)
		200	250	300	
		250	300	350	
		300	350	400	

表 6-2　CVM 问卷调研存在的偏差及处理方式

偏差类型	处理方式
调查方法偏差	采用与农户面对面访谈的调查法，确保农户理解调研意图
假想偏差	明确告知农户问卷是不记名的，使农户表达自己的真实意愿
起点偏差	在正式调研之前，进行充分的预调研，合理地确定投标值
支付方式偏差	在调研过程中对补偿方式进行重点说明
信息偏差	通过当地村委会成员的帮助，努力克服语言障碍
不反映偏差	尽量使用简单、便于回答的问卷形式
排序偏差	充分熟悉问卷逻辑，避免出现前后不一致的问题
时长偏差	根据农户的性格和调研场景合理控制时间
调查员偏差	对调研人员进行培训，使其充分理解问卷内容和调研重点

6.2.3　调查实施

（1）样本选取和调查方式

处于黑河中游绿洲边缘区的主要是平原灌区的临泽县和北部荒漠灌区的高台县。临泽县主要种植制种玉米和大田玉米，2018 年农作物种植面积为 45.27 万亩，相比 2000 年增长了 72.45%；高台县是制种西瓜的主要种植地区，2018 年农作物种植面积为 57.49 万亩，相比 2001 年增长了 77.27%。这两个县是绿洲扩张致使生态环境恶劣的主要区域。所以，调研对象主要是临泽县平川镇、蓼泉镇、鸭暖镇等种植制种玉米和大田玉米的农户和高台县罗城镇种植制种西瓜的农户。采用面对面调查方式，根据村庄户数差异分配问卷数量，采用随机抽样的方法并尽量选择中午和傍晚时间入户调研，在调查过程中一个参与者只回答一种形式的问卷，尽可能提高问卷的有效性。

（2）预调查和正式调查

2019 年 7—8 月开展了预调查和正式调查。一共调查了 2 个县 4 个乡/镇 22 个村庄的近 1 500 户农户。得到制种玉米调查问卷 729 份，有效问卷 709 份，有效率 97.26%；大田玉米调查问卷 633 份，有效问卷 597 份，有效率 94.31%；制种西瓜调查问卷 448 份，有效问卷 405 份，有效率 90.40%。满足 CVM 大样本调查的要求。问卷具体分布情况见表 6-3。

表 6-3 问卷分布情况

作物类型	县	乡/镇	村庄和问卷数（份）
制种玉米	临泽县	平川镇	三三村（109）、三二村（7）、一工程村（89）、黄家堡村（101）、五里墩村（27）
		蓼泉镇	上庄村（98）、新添村（66）、寨子村（103）、双泉村（106）、下庄村（23）
大田玉米	临泽县	鸭暖镇	小屯村（41）、白寨村（58）、曹庄村（34）、古寨村（35）、华强村（27）、五泉村（2）
		平川镇	黄家堡（56）、三三村（31）、五里墩（11）、一工程村（20）
		蓼泉镇	上庄村（107）、双泉村（95）、下庄村（22）、新添村（38）、寨子村（56）
制种西瓜	高台县	罗城镇	花墙子村（142）、红山村（115）、罗城村（70）、张家墩村（13）、河西村（93）、常丰村（15）

6.3 调查结果与 WTA 推定

6.3.1 调查结果分析

6.3.1.1 农户特征与受偿意愿的交叉分析

（1）人口社会学特征对农户受偿意愿的影响

影响农户受偿意愿的人口社会学因素主要有农户的年龄、受教育水平、家庭农业劳动力占比，见表 6-4。

第一，年龄对农户受偿意愿的影响呈“两头高、中间低”的趋势。种植制种玉米的农户平均年龄是 51 岁，有将近一半的农户年龄在 45～54 岁，55～64 岁的次之，0～29 岁的最少，农户的年龄差异较小；种植大田玉米的农户平均年龄是 52 岁，与种植制种玉米的农户年龄分布相似，有将近 70%的农户年龄在 45～64 岁，年轻的务农人员很少；种植制种西瓜的农户平均年龄是 53 岁，同样有将近 70%的农户年龄在 45～64 岁，可见农户的年龄差异较小。由表 6-4 可知，年龄对三种作物种植农户受偿意愿的影响均呈“两头高、中间低”的趋势，即年龄在 0～44 岁和 65 岁及以上的愿意接受补偿的农户占比高于 45～64

岁的农户。原因是年轻劳动力一般是季节性劳动力，他们一年大部分时间在外务农，只有农忙时在家，所以他们对农业收入的依赖性较低，接受补偿的意愿更为强烈；65 岁及以上的老年人由于不能继续承担繁重的农业劳动，特别是对于制种玉米和制种西瓜这种耗时耗水的经济作物，他们一般不会大面积种植，在经营和管理上也比较粗陋，导致作物收益不高，所以更倾向于接受补偿。但是，处于 45～64 岁的农户多数对农业收入的依赖性较高，一方面随着年龄的增加外出务工时间和机会受到限制，另一方面这个年龄段的受访者是家庭主要劳动力，他们很明确作物灌溉用水存在节省空间，但是又担心转移灌溉用水会导致作物减产，影响家庭收入，所以受偿意愿比较低，要求的补偿金额较高。

第二，受教育水平越高愿意接受补偿的农户占比越高。由表 6 - 4 可知，随着农户受教育水平的提升，农户的受偿意愿也在提高。但是，不同地区种植不同作物的受访农户中，将近 50%的农户学历在小学及以下，有将近 40%的农户学历是初中，有高中及以上学历的受访者较少，并且有较高受教育水平的受访者年龄偏低，不是地区主要农业劳动力，可能导致这一因素的影响并不是很明显。

第三，家庭农业劳动力占总人口的比例是影响农户受偿意愿的主要因素。从表 6 - 4 中可以看出，制种玉米和制种西瓜的受访农户中，家庭农业劳动力占比小于 50%的农户受偿意愿要高于大于等于 50%的农户，而大田玉米的差异性并不明显。

(2) 耕地和收入情况对农户受偿意愿的影响

第一，耕地面积越大的农户，愿意接受补偿的占比越高。不同地区种植不同作物的农户平均耕地面积在 15 亩左右，耕地面积 20 亩及以下的农户大多是承包地和开垦耕地，而耕地面积 20 亩以上的农户大多存在土地流入的情况。对于耕地面积 0～10 亩和 11～20 亩的农户来说，随着耕地面积的增加愿意接受补偿的农户比例是明显增加的，而作物种植面积大于 20 亩以后，愿意接受补偿的农户占比基本没有增加，主要是因为一方面承包别人的地要支付费用，另一方面会受到农业补贴的影响，因为农业补贴是按照承包地面积计算的，农户感觉得到的生态补偿金额并不能弥补增加的经营成本与减少耕地带来的损失。

第二，耕地质量越差的农户，愿意接受补偿的占比越高。耕地质量的衡量指标主要是耕地的盐碱度水平、平整程度以及保水保肥能力等，绿洲边缘区的耕地具有较高的盐碱化和沙漠化水平。从表 6 - 4 中可以看出，耕地质量越差的农户，愿意接受补偿的占比越高。其中，种植制种玉米的农户耕地质量普遍较高，这主要是因为制种玉米种植户与公司签了订单，制种公司为了保证作物质量，不允许农户在质量差的土地上种植制种玉米。也有少数农户在开垦的耕地上种植制种玉米，主要原因是这些耕地开垦的年份较长，其产量和好地种植的制种玉米没有太大差异。而大田玉米大多种植在开垦的耕地上，大部分是出售，从大田玉米耕地质量的影响来看，耕地质量差的农户愿意接受补偿的占比为 92.3%，明显高于在好地上种植大田玉米的农户。最后，制种西瓜的耕地都是差地，原因是高台县都是盐碱地，农户受自然环境的影响较大，愿意接受补偿的农户占比为 95.6%，水平较高。

第三，就家庭农业收入占比对农户受偿意愿的影响而言，60%左右的家庭以农业收入为主，并且这些农户多数愿意接受生态补偿。一方面，考虑到作物投入（如水费）的不断增加，作物净收益较低，农户倾向于接受生态补偿；另一方面，农户担心转移灌溉用水会造成作物减产和耕地面积的缩减，影响家庭收入。所以这一因素没有特别明显的影响，主要看补偿金额能不能弥补农户损失。

（3）水价对受偿意愿的影响

根据临泽县推行的累进加价的农业水价收取标准，将农户每亩灌溉水费分为 4 个等级。第一等级，在作物灌溉定额内，除每亩 2 元基本水费外，按照计量水价 0.168 元/立方米和末级渠系费用对每方水进行收费。依据《甘肃省行业用水定额（2017 版）》，玉米的灌溉定额是 480 立方米/亩，如果农户灌溉水量在这一范围内，则其水费不会高于 92.24 元/亩；第二等级，对于超出灌溉定额 10%～30%的部分，按照计量水价的 1.2 倍和末级渠系费用进行收费，该等级农户的灌溉用水在 480～624 立方米/亩，灌溉水费在 92.24～124.15 元/亩；第三等级，对于超出灌溉定额 30%～50%的部分，按照计量水价的 1.5 倍和末级渠系费用进行收费，该等级农户的灌溉用水在 624～720 立方米/亩，灌溉水费在 124.15～150.26 元/亩；第四等级，对超出灌溉定额 50%的灌溉用水，按照计量水价的 2 倍和末级渠系费用进行收费，该等级农户的灌溉用水超过了 720 立方米/亩，灌溉水费超过 150.26 元/亩。

由表 6 - 4 可知，种植制种玉米的农户的灌溉水费基本都超过了 150.26 元/

亩，并且愿意接受补偿的农户占比高达91.7%；种植大田玉米的农户有将近80%灌溉水费都超过了150.26元/亩，并且随着灌溉水费的上升，愿意接受补偿的农户比例呈明显的上升趋势。由于高台罗城灌区目前还没有全面施行累进加价制度，对于制种西瓜而言，农户的平均水费是220元/亩，按照平均水费分级，可以看出，超过平均水费的农户，其愿意接受补偿的比例明显高于低于平均水费的农户。这说明灌溉水费对农户受偿意愿的影响比较明显。

(4) 政策满意度和有无开垦行为对农户受偿意愿的影响

平原灌区种植制种玉米和大田玉米的农户收到的主要补偿是农业补贴和养老补贴，北部荒漠灌区种植制种西瓜的农户收到的主要的补偿有农业补贴、养老补贴、草原补贴和公益林补贴，但是草原补贴和公益林补贴较少，每户每年不到100元。由表6-4可知，农户对目前补贴政策越满意，愿意接受转移用水补偿的比例就越高。对目前补贴政策感觉一般的农户占40%左右，感觉满意的农户占50%左右，制种玉米和大田玉米种植户不满意的比例在5%左右，制种西瓜种植户不满意的比例在10%左右。主要是因为平原灌区土地比较肥沃，农户收益较高，而北部荒漠灌区由于农业耕种条件比较差，农户感觉目前的补贴金额不太高，特别是水费提升之后，农户感觉农业补贴还不足以抵消上升的水费。最后，就有无开垦行为对农户受偿意愿的影响而言，有开垦行为的农户愿意接受转移用水补偿的占比略高些，但是二者差别不大，主要原因可能是农户的开垦行为发生在早期，现在从事农业生产的农户很多没有开垦行为，所以这一因素的影响并不明显。

6.3.1.2 农户环境认知水平和环保意识

(1) 农户特征与环境认知水平的交叉分析

黑河绿洲边缘地区农户主要受到土地盐碱化和沙漠化、地下水位下降、生态环境退化以及风沙天气等环境因素的影响，农户环境认知水平的影响因素见表6-5、表6-6、表6-7。

就平原灌区制种玉米和大田玉米种植户而言（表6-5和表6-6），超过70%认为土地盐碱化和沙漠化、风沙天气是影响其生活和生产的主要因素，将近50%认为地下水位下降和湿地退化对其生活和生产的影响水平一般；并且年龄越小、受教育程度越高、农业收入占比越高、耕地质量越差、有开垦行为的农户，越是认为土地盐碱化和沙漠化、风沙天气、地下水位下降和湿地退化对自身生活和生产的影响严重。分析原因，首先，平原灌区在20世纪90年代开垦了大面积的耕地，这些耕地大多是盐碱地、沙滩地，耕地保水保肥能力比较差，对农业生产的影响较大，再加上每年开春恶劣的沙尘天气，会导致玉米和蔬菜，特别是设施蔬菜的收益减少，所以农户认为土地盐碱化和沙漠化、风沙天气对其影响较大。其次，对于地下水位下降问题农户的认知水平是有限的，平原灌区以种植制种玉米和大田玉米为主的村庄，虽然以河水灌溉为主，但一些村庄的一些社是有机井的，并且井水的盐碱含量比北部荒漠灌区要低，所以在河水供应不能满足作物生长需求时，农户还会用井水浇一次。虽然在调查过程中农户也表达了地下水位下降明显的事实，比如之前地下7～8米就有出水，现在要15米才能出水，但是他们似乎并没有强烈地意识到地下水位下降对区域生态环境和农业生产的影响。最后，对于湿地退化和植被枯死等环境问题，由于政府已经对村庄周边的生态湿地进行了围护，明确规定农户不可开垦，涉及的农田必须退耕，以保护生态环境，所以农户感觉生态湿地退化对其生产生活的影响并不大。

就北部荒漠灌区种植制种西瓜的农户而言（表6-7），90%左右都认为土地盐碱化和沙漠化、风沙天气对其生产和生活的影响严重或非常严重，并且年龄越小、学历越高、家庭农业收入占比越高的农户，越认为影响程度严重；而35%左右认为地下水位下降和湿地退化对其生产和生活的影响处于严重水平，40%左右认为地下水位下降和湿地退化对其生产和生活的影响处于一般水平，这主要是地区自然条件影响导致的。

（2）农户特征与环保意识的交叉分析

农户环保意识的高低主要通过农户对开垦耕地是否挤占生态用水、转移灌溉用水是否可以改善生态环境以及退耕是否可以改善生态环境等问题的回答来判定，影响因素包括人口社会学特征、耕地质量和有无开垦行为，见表6-8、表6-9、表6-10。

就平原灌区种植制种玉米和大田玉米的受访农户而言（表6-8和表6-9），年龄越低的农户认为开垦耕地会挤占生态用水的比例越高。0～29岁的受访者中有69.20%认为开垦耕地会挤占生态用水；45～54岁和55～64岁的受访者中只有20%左右认为开垦耕地会挤占生态用水，有将近40%的农户认为没有挤占生态用水，其他则不清楚是否挤占生态用水。而对于转移灌溉用水和退耕能否改善生态环境的认知，年龄的影响非常明显，年龄越低的农户越是认为这两项措施对生态环境的改善影响大。可见，年轻的农户环保意识较强，年老的农户对耕地具有较大的依赖性，环保意识也相对较差。受教育水平越高的农户认为开垦耕地挤占了生态用水的比例越高。具有不同受教育水平的受访者中，有70%左右都认为转移灌溉用水和退耕可以改善生态环境，并且受教育程度越高的农户越认为转移灌溉用水和退耕可以改善生态环境。农业收入占比越高的农户认为开垦耕地挤占生态用水的比例越高，并且无论农业收入水平高低，有75%左右的农户都认为转移灌溉用水和退耕可以改善生态环境。说明农户的环保意识是比较强的。没有开垦行为的农户中有30%左右认为开垦耕地挤占了生态用水，有近40%的农户对该问题不是很清楚，但是大多数农户仍然认为转移灌溉用水和退耕可以改善生态环境，可见绿洲边缘地区的农户是有生态保护意识的。

就北部荒漠灌区种植制种西瓜的农户而言（表6-10），年龄越低、农业收入占比越低、没有开垦行为的农户认为开垦耕地会挤占生态用水的比例越高。不同年龄阶段、不同学历水平和不同农业收入占比水平的农户中，均有70%左右认为转移灌溉用水和退耕可以改善生态环境。可见农户知道转移灌溉用水可以改善生态环境，这可能与黑河中游向下游转移用水有关。

由此可见，大多数农户对开垦耕地是否挤占生态用水的认知并不清晰，原因可能是耕地是上一辈开垦的，这一辈一直在耕种，本身并没有开垦过耕地，或者还有些农户认为开垦耕地本身是改善盐碱地的行为，并不认为这种行为会挤占生态用水。然而，大多数农户认为把灌溉用水转移给生态部门或者退耕能够改善生态环境，主要原因是农户受到给下游分水的影响，观念上有所变化。

(3) 农户环境认知水平和环保意识与受偿意愿的交叉分析

就农户环境认知水平与受偿意愿之间的关系而言（表6-11），农户感受到的土地盐碱化和沙漠化、生态湿地退化、风沙天气对其生产和生活的影响越严重，越愿意接受生态补偿；而对于地下水位下降带来的影响，农户的认知还不是很清晰，特别是不用井水灌溉的灌区，对这一影响并不敏感，但总体来看，认为地下水位下降对其生产和生活影响严重的农户中，愿意接受补偿的占比相对较高。就农户环保意识与受偿意愿之间的关系而言，认为开垦耕地会挤占生态用水、退耕和转移灌溉用水可以改善生态环境的农户中，愿意接受补偿的占比基本高于认知相反或不清楚的农户，说明农户的环保意识越强，其受偿意愿也越强，这与预期相符。

表 6-4 黑河中游典型灌区转移作物灌溉用水的农户受偿意愿与主要影响因素的关系

单位：个

影响因素	含义	制种玉米						大田玉米						制种西瓜					
		不愿意		愿意		合计		不愿意		愿意		合计		不愿意		愿意		合计	
		样本	比率	样本	比率	样本	比率	样本	比率	样本	比率	样本	比率	样本	比率	样本	比率	样本	比率
年龄	0~29 岁	0	0.0%	12	100.0%	12	100.0%	0	0.0%	9	100.0%	9	100.0%	0	0.0%	1	100.0%	1	100.0%
	30~44 岁	2	1.9%	104	98.1%	106	100.0%	3	3.7%	79	96.3%	82	100.0%	1	2.3%	42	97.7%	43	100.0%
	45~54 岁	26	7.8%	308	92.2%	334	100.0%	28	10.2%	246	89.8%	274	100.0%	8	4.4%	175	95.6%	183	100.0%
	55~64 岁	23	12.6%	159	87.4%	182	100.0%	18	11.5%	139	88.5%	157	100.0%	6	5.4%	106	94.6%	112	100.0%
	65 岁及以上	7	9.3%	68	90.7%	75	100.0%	5	6.7%	70	93.3%	75	100.0%	3	4.5%	63	95.5%	66	100.0%
受教育水平	小学及以下	30	9.0%	302	91.0%	332	100.0%	31	10.3%	271	89.7%	302	100.0%	13	6.1%	200	93.9%	213	100.0%
	初中	25	8.4%	271	91.6%	296	100.0%	22	9.5%	209	90.5%	231	100.0%	5	3.1%	158	96.9%	163	100.0%
	高中	3	3.8%	75	96.2%	78	100.0%	1	1.7%	57	98.3%	58	100.0%	0	0.0%	26	100.0%	26	100.0%
	专科及以上	0	0.0%	3	100.0%	3	100.0%	0	0.0%	6	100.0%	6	100.0%	0	0.0%	3	100.0%	3	100.0%
农业劳动力占比	<50%	29	6.8%	396	93.2%	425	100.0%	33	9.1%	329	90.9%	362	100.0%	8	3.6%	213	96.4%	221	100.0%
	≥50%	29	10.2%	255	89.8%	284	100.0%	21	8.9%	214	91.1%	235	100.0%	10	5.4%	174	94.6%	184	100.0%
耕地面积	0~10 亩	25	8.8%	258	91.2%	283	100.0%	21	10.7%	176	89.3%	197	100.0%	7	5.3%	124	94.7%	131	100.0%
	11~20 亩	24	7.6%	293	92.4%	317	100.0%	21	7.0%	277	93.0%	298	100.0%	9	3.9%	219	96.1%	228	100.0%
	21 亩及以上	9	8.3%	100	91.7%	109	100.0%	12	11.8%	90	88.2%	102	100.0%	2	4.3%	44	95.7%	46	100.0%
耕地质量	好地	58	8.2%	646	91.8%	704	100.0%	10	13.0%	67	87.0%	77	100.0%						
	有好有坏	0	0.0%	3	100.0%	3	100.0%	7	17.1%	34	82.9%	41	100.0%						
	坏地	0	0.0%	2	100.0%	2	100.0%	37	7.7%	442	92.3%	479	100.0%	18	4.4%	387	95.6%	405	100.0%

（续）

影响因素	含义	制种玉米						大田玉米						制种西瓜					
		不愿意		愿意		合计		不愿意		愿意		合计		不愿意		愿意		合计	
		样本	比率	样本	比率	样本	比率	样本	比率	样本	比率	样本	比率	样本	比率	样本	比率	样本	比率
农业收入占比	0～30%	4	6.3%	59	93.7%	63	100.0%	7	8.6%	74	91.4%	81	100.0%	0	0.0%	52	100.0%	52	100.0%
	31%～50%	15	7.6%	182	92.4%	197	100.0%	15	8.7%	158	91.3%	173	100.0%	7	6.0%	109	94.0%	116	100.0%
	51%～70%	13	8.8%	134	91.2%	147	100.0%	13	10.4%	112	89.6%	125	100.0%	3	4.0%	72	96.0%	75	100.0%
	71%及以上	26	8.6%	276	91.4%	302	100.0%	19	8.7%	199	91.3%	218	100.0%	8	4.9%	154	95.1%	162	100.0%
水价	≤92.24元/亩							5	21.7%	18	78.3%	23	100.0%						
	92.24～124.15元/亩	0	0.0%	3	100.0%	3	100.0%	7	13.2%	46	86.8%	53	100.0%						
	124.15～150.26元/亩	0	0.0%	5	100.0%	5	100.0%	6	9.0%	61	91.0%	67	100.0%						
	>150.26元/亩	58	8.3%	643	91.7%	701	100.0%	36	7.9%	418	92.1%	454	100.0%						
	≤220元/亩													14	7.2%	181	92.8%	195	100.0%
	>220元/亩													4	1.9%	206	98.1%	210	100.0%
政策满意度	非常不满意							1	25.0%	3	75.0%	4	100.0%	1	14.3%	6	85.7%	7	100.0%
	不满意	6	13.6%	38	86.4%	44	100.0%	9	17.6%	42	82.4%	51	100.0%	2	4.2%	46	95.8%	48	100.0%
	一般	31	9.2%	306	90.8%	337	100.0%	22	8.8%	227	91.2%	249	100.0%	7	5.6%	117	94.4%	124	100.0%
	满意	21	6.5%	301	93.5%	322	100.0%	22	7.6%	266	92.4%	288	100.0%	8	3.7%	208	96.3%	216	100.0%
	非常满意	0	0.0%	6	100.0%	6	100.0%	0	0.0%	5	100.0%	5	100.0%	0	0.0%	10	100.0%	10	100.0%
开垦行为	没有	20	9.1%	199	90.9%	219	100.0%	15	10.6%	126	89.4%	141	100.0%	12	6.3%	180	93.8%	192	100.0%
	有	38	7.8%	452	92.2%	490	100.0%	39	8.6%	417	91.4%	456	100.0%	6	2.8%	207	97.2%	213	100.0%

表 6-5 平原灌区制种玉米种植户的环境认知程度与主要影响因素的关系（百分比）

影响因素		土地盐碱化和沙漠化						地下水位下降						湿地退化						风沙天气					
		非常严重	严重	一般	不严重	没影响	合计	非常严重	严重	一般	不严重	没影响	合计	非常严重	严重	一般	不严重	没影响	合计	非常严重	严重	一般	不严重	没影响	合计
年龄	0～29岁	58	42	0	0	0	100	0	50	33	17	0	100	8	34	33	25	0	100	33	59	8	0	0	100
	30～44岁	37	38	19	2	4	100	5	37	35	19	4	100	2	23	43	25	7	100	26	53	13	4	4	100
	45～54岁	29	43	16	6	6	100	1	23	42	29	5	100	1	13	51	29	6	100	19	57	17	4	3	100
	55～64岁	30	49	14	3	4	100	2	21	47	24	6	100	1	5	61	26	7	100	15	58	16	5	6	100
	65岁及以上	20	40	21	13	6	100	3	25	34	31	7	100	1	8	54	33	4	100	12	51	24	8	5	100
受教育水平	小学及以下	25	44	19	6	6	100	1	25	43	26	5	100	1	7	58	30	4	100	19	57	16	5	3	100
	初中	31	45	15	4	5	100	2	22	44	27	5	100	1	14	48	28	9	100	16	58	18	5	3	100
	高中	44	36	11	5	4	100	5	37	30	23	5	100	5	20	46	25	4	100	28	51	13	4	4	100
	专科及以上	67	33	0	0	0	100	0	67	33	0	0	100	0	67	33	0	0	100	67	33	0	0	0	100
农业劳动力占比	＜50%	29	46	14	5	6	100	2	20	45	28	5	100	2	11	51	31	5	100	16	58	19	4	3	100
	≥50%	32	39	19	5	4	100	1	33	37	23	6	100	1	13	54	24	8	100	23	55	13	6	3	100
农业收入占比	0～30%	24	54	11	6	5	100	0	18	46	30	6	100	2	8	49	36	5	100	18	65	12	3	2	100
	31%～50%	30	47	10	5	8	100	3	18	41	33	5	100	2	10	48	33	7	100	18	57	18	3	4	100
	51%～70%	39	39	12	5	5	100	2	14	48	31	5	100	1	6	50	35	8	100	17	54	20	4	5	100
	71%及以上	27	41	24	5	3	100	2	37	38	18	5	100	1	17	57	20	5	100	20	56	15	6	3	100
耕地质量	好地	30	44	16	5	5	100	2	25	42	26	5	100	1	12	52	28	6	100	19	57	16	5	3	100
	有好有坏	33	33	0	34	0	100	0	33	34	33	0	100	0	0	67	33	0	100	0	100	0	0	0	100
	坏地	50	0	50	0	0	100	0	0	50	0	50	100	0	0	50	50	0	100	0	50	50	0	0	100
开垦行为	没有	21	36	26	10	7	100	2	29	37	26	6	100	2	16	52	24	6	100	22	50	18	6	5	100
	有	34	47	12	3	4	100	2	24	43	26	5	100	1	10	52	30	7	100	17	60	16	4	3	100

表6-6　平原灌区大田玉米种植户的环境认知程度与主要影响因素的关系（百分比）

影响因素		土地盐碱化和沙漠化						地下水位下降						湿地退化						风沙天气					
		非常严重	严重	一般	不严重	没影响	合计	非常严重	严重	一般	不严重	没影响	合计	非常严重	严重	一般	不严重	没影响	合计	非常严重	严重	一般	不严重	没影响	合计
年龄	0～29岁	44	33	11	11	0	100	0	44	22	22	11	100	0	44	33	22	0	100	44	44	0	11	0	100
	30～44岁	35	45	16	4	0	100	2	28	35	26	9	100	4	21	39	29	7	100	24	49	20	5	2	100
	45～54岁	31	46	14	5	4	100	3	21	40	26	11	100	2	15	46	26	11	100	17	54	19	6	4	100
	55～64岁	29	53	12	4	2	100	3	19	49	20	8	100	3	9	52	25	11	100	8	67	17	8	1	100
	65岁及以上	21	53	12	8	5	100	4	27	28	28	13	100	3	12	49	25	11	100	13	56	19	8	4	100
受教育水平	小学及以下	25	50	14	7	5	100	4	21	39	24	12	100	3	11	51	26	10	100	14	58	18	7	3	100
	初中	31	50	14	3	1	100	2	21	42	26	10	100	2	16	42	26	14	100	16	55	19	6	3	100
	高中	50	33	12	5	0	100	3	36	40	19	2	100	5	24	45	24	2	100	24	55	16	5	0	100
	专科及以上	40	40	20	0	0	100	0	40	40	20	0	100	0	40	60	0	0	100	40	40	20	0	0	100
农业劳动力占比	<50%	28	51	14	6	2	100	3	20	41	27	9	100	0	0	100	0	0	100	0	100	0	0	0	100
	≥50%	33	45	14	5	4	100	3	27	38	21	11	100	1	12	48	30	9	100	12	60	19	7	2	100
农业收入占比	0～30%	25	51	17	5	2	100	5	21	36	27	11	100	4	17	46	20	12	100	21	52	17	6	4	100
	31%～50%	24	53	13	7	3	100	3	21	38	28	10	100	2	15	42	31	10	100	14	65	14	6	1	100
	51%～70%	36	46	13	3	2	100	2	19	46	25	8	100	2	12	43	30	13	100	12	58	19	7	3	100
	71%及以上	33	45	13	5	3	100	2	27	40	21	11	100	3	10	52	28	7	100	13	58	22	6	2	100
耕地质量	好地	30	40	18	9	3	100	5	18	40	22	14	100	3	19	49	20	10	100	21	51	17	7	4	100
	有好有坏	12	49	29	7	2	100	2	24	34	27	12	100	8	9	44	27	12	100	16	53	16	12	4	100
	坏地	32	50	11	4	3	100	3	23	41	25	9	100	2	17	46	24	10	100	15	63	15	7	0	100
开垦行为	没有	26	40	16	10	9	100	4	24	33	20	18	100	2	15	47	26	10	100	16	57	19	6	3	100
	有	31	51	13	4	1	100	2	22	42	26	7	100	4	16	48	18	14	100	21	47	21	6	5	100

表 6-7 北部荒漠灌区制种西瓜种植户的环境认知程度与主要影响因素的关系（百分比）

影响因素		土地盐碱化和沙漠化						地下水位下降						湿地退化						风沙天气					
		非常严重	严重	一般	不严重	没影响	合计	非常严重	严重	一般	不严重	没影响	合计	非常严重	严重	一般	不严重	没影响	合计	非常严重	严重	一般	不严重	没影响	合计
年龄	0～29 岁	100	0	0	0	0	100	0	0	0	0	100	100	0	100	0	0	0	100	100	0	0	0	0	100
	30～44 岁	67	28	5	0	0	100	12	33	35	9	12	100	14	23	42	12	9	100	58	35	7	0	0	100
	45～54 岁	52	40	7	1	0	100	6	36	37	10	11	100	6	29	43	16	6	100	46	38	15	1	0	100
	55～64 岁	51	44	5	0	0	100	8	34	38	9	11	100	9	28	48	11	4	100	47	39	9	4	1	100
	65 岁及以上	56	39	5	0	0	100	6	39	45	5	5	100	14	26	52	8	2	100	53	39	6	2	0	100
受教育水平	小学及以下	52	43	5	0	0	100	7	38	38	8	9	100	8	26	47	12	6	100	52	39	7	2	0	100
	初中	57	34	8	1	0	100	9	27	42	12	11	100	9	25	45	16	5	100	46	34	17	2	1	100
	高中	58	42	0	0	0	100	4	58	31	0	8	100	8	54	35	0	4	100	46	50	4	0	0	100
	专科及以上	67	33	0	0	0	100	0	67	0	0	33	100	33	33	33	0	0	100	67	33	0	0	0	100
农业劳动力占比	<50%	55	41	5	0	0	100	8	31	39	11	10	100	9	24	47	15	5	100	47	37	14	2	0	100
	≥50%	54	38	7	1	0	100	7	40	38	6	10	100	9	32	44	10	5	100	52	40	7	2	0	100
农业收入占比	0～30%	65	31	4	0	0	100	8	40	35	10	8	100	6	25	58	8	4	100	50	37	10	4	0	100
	31%～50%	57	36	7	0	0	100	4	34	42	9	9	100	11	27	42	13	7	100	45	41	14	0	0	100
	51%～70%	44	47	9	0	0	100	11	21	39	17	12	100	11	20	39	25	5	100	44	36	19	1	0	100
	71%及以上	54	41	4	1	0	100	7	41	37	4	10	100	7	33	47	9	4	100	54	37	6	2	1	100
开垦行为	没有	54	36	8	1	0	100	7	39	39	6	10	100	9	31	46	7	7	100	48	43	6	3	0	100
	有	54	42	3	0	0	100	8	32	38	12	10	100	9	24	45	18	4	100	50	33	15	1	0	100

表 6-8　平原灌区制种玉米种植户的环保意识与主要影响因素的关系（百分比）

影响因素		开垦耕地是否挤占生态用水				转移灌溉用水是否可以改善生态环境				退耕是否可以改善生态环境			
		否	不清楚	是	合计	否	不清楚	是	合计	否	不清楚	是	合计
年龄	0～29 岁	8.33	16.67	75.00	100.00	0.00	8.33	91.67	100.00	0.00	8.33	91.67	100.00
	30～44 岁	32.08	37.74	30.19	100.00	4.72	15.09	80.19	100.00	11.32	16.98	71.70	100.00
	45～54 岁	39.52	33.23	27.25	100.00	5.09	11.08	83.83	100.00	13.77	17.66	68.56	100.00
	55～64 岁	37.91	41.21	20.88	100.00	4.40	12.64	82.97	100.00	15.38	20.33	64.29	100.00
	65 岁及以上	21.33	46.67	32.00	100.00	1.33	32.00	66.67	100.00	13.33	40.00	46.67	100.00
受教育水平	小学及以下	34.64	40.36	25.00	100.00	4.22	17.47	78.31	100.00	13.25	26.81	59.94	100.00
	初中	36.82	36.49	26.69	100.00	4.39	11.15	84.46	100.00	15.20	14.19	70.61	100.00
	高中	35.90	26.92	37.18	100.00	3.85	12.82	83.33	100.00	7.69	17.95	74.36	100.00
	专科及以上	0.00	0.00	100.00	100.00	33.33	0.00	66.67	100.00	33.33	0.00	66.67	100.00
农业劳动力占比	<50%	35.53	36.94	27.53	100.00	4.71	12.47	82.82	100.00	13.65	17.41	68.94	100.00
	≥50%	35.56	37.32	27.11	100.00	3.87	16.90	79.23	100.00	13.38	25.00	61.62	100.00
农业收入占比	0～30%	31.75	41.27	26.98	100.00	4.76	9.52	85.71	100.00	14.29	12.70	73.02	100.00
	31%～50%	35.03	38.58	26.40	100.00	4.06	10.66	85.28	100.00	11.68	15.74	72.59	100.00
	51%～70%	40.82	32.65	26.53	100.00	5.44	14.29	80.27	100.00	14.97	15.65	69.39	100.00
	71%及以上	34.11	37.42	28.48	100.00	3.97	17.55	78.48	100.00	13.91	27.48	58.61	100.00
耕地质量	好地	35.51	37.07	27.41	100.00	4.40	14.20	81.39	100.00	13.64	20.45	65.91	100.00
	有好有坏	33.33	33.33	33.33	100.00	0.00	0.00	100.00	100.00	0.00	0.00	100.00	100.00
	坏地	50.00	50.00	0.00	100.00	0.00	50.00	50.00	100.00	0.00	50.00	50.00	100.00
开垦行为	没有	33.33	35.16	31.51	100.00	4.57	17.35	78.08	100.00	13.70	28.31	57.99	100.00
	有	36.53	37.96	25.51	100.00	4.29	12.86	82.86	100.00	13.47	16.94	69.59	100.00

表 6-9 平原灌区大田玉米种植户的环保意识与主要影响因素的关系（百分比）

影响因素		开垦耕地是否挤占生态用水				转移灌溉用水是否可以改善生态环境				退耕是否可以改善生态环境			
		否	不清楚	是	合计	否	不清楚	是	合计	否	不清楚	是	合计
年龄	0～29 岁	33.33	33.33	33.33	100.00	0.00	11.11	88.89	100.00	11.11	0.00	88.89	100.00
	30～44 岁	32.93	37.80	29.27	100.00	6.10	13.41	80.49	100.00	10.98	15.85	73.17	100.00
	45～54 岁	37.59	33.21	29.20	100.00	7.66	10.95	81.39	100.00	15.69	17.88	66.42	100.00
	55～64 岁	35.67	43.95	20.38	100.00	3.18	15.92	80.89	100.00	10.83	20.38	68.79	100.00
	65 岁及以上	25.33	52.00	22.67	100.00	4.00	32.00	64.00	100.00	14.67	34.67	50.67	100.00
受教育水平	小学及以下	36.75	40.07	23.18	100.00	4.97	18.87	76.16	100.00	13.25	23.51	63.25	100.00
	初中	32.90	40.26	26.84	100.00	6.49	10.82	82.68	100.00	15.15	16.02	68.83	100.00
	高中	36.21	31.03	32.76	100.00	3.45	15.52	81.03	100.00	8.62	17.24	74.14	100.00
	专科及以上	0.00	20.00	80.00	100.00	20.00	0.00	80.00	100.00	20.00	20.00	60.00	100.00
农业劳动力占比	＜50%	34.53	37.85	27.62	100.00	6.63	13.26	80.11	100.00	14.36	17.13	68.51	100.00
	≥50%	35.32	40.85	23.83	100.00	4.26	18.30	77.45	100.00	12.34	24.68	62.98	100.00
农业收入占比	0～30%	33.33	45.68	20.99	100.00	9.88	11.11	79.01	100.00	14.81	18.52	66.67	100.00
	31%～50%	34.68	35.26	30.06	100.00	5.78	9.83	84.39	100.00	10.40	14.45	75.14	100.00
	51%～70%	37.60	34.40	28.00	100.00	4.80	19.20	76.00	100.00	16.00	17.60	66.40	100.00
	71%及以上	33.94	42.20	23.85	100.00	4.59	18.81	76.61	100.00	14.22	26.61	59.17	100.00
耕地质量	好地	27.27	46.75	25.97	100.00	7.79	22.08	70.13	100.00	12.99	28.57	58.44	100.00
	有好有坏	26.83	41.46	31.71	100.00	21.95	19.51	58.54	100.00	17.07	26.83	56.10	100.00
	坏地	36.74	37.58	25.68	100.00	3.97	13.78	82.25	100.00	13.36	18.16	68.48	100.00
开垦行为	没有	35.46	36.17	28.37	100.00	4.96	17.02	78.01	100.00	14.18	24.11	61.70	100.00
	有	34.65	39.91	25.44	100.00	5.92	14.69	79.39	100.00	13.38	18.86	67.76	100.00

表 6-10　北部荒漠灌区制种西瓜种植户的环保意识与主要影响因素的关系（百分比）

影响因素		开垦耕地是否挤占生态用水				转移灌溉用水是否可以改善生态环境				退耕是否可以改善生态环境			
		否	不清楚	是	合计	否	不清楚	是	合计	否	不清楚	是	合计
年龄	0～29 岁	0.00	0.00	100.00	100.00	0.00	0.00	100.00	100.00	0.00	0.00	100.00	100.00
	30～44 岁	16.28	34.88	48.84	100.00	4.65	16.28	79.07	100.00	16.28	13.95	69.77	100.00
	45～54 岁	15.30	36.61	48.09	100.00	8.20	10.93	80.87	100.00	16.39	19.13	64.48	100.00
	55～64 岁	15.18	37.50	47.32	100.00	6.25	19.64	74.11	100.00	16.07	21.43	62.50	100.00
	65 岁及以上	13.64	43.94	42.42	100.00	3.03	30.30	66.67	100.00	10.61	31.82	57.58	100.00
受教育水平	小学及以下	15.49	43.19	41.31	100.00	7.51	22.54	69.95	100.00	16.43	26.29	57.28	100.00
	初中	12.88	33.74	53.37	100.00	5.52	9.82	84.66	100.00	15.34	15.34	69.33	100.00
	高中	23.08	19.23	57.69	100.00	3.85	15.38	80.77	100.00	7.69	15.38	76.92	100.00
	专科及以上	33.33	33.33	33.33	100.00	0.00	33.33	66.67	100.00	0.00	33.33	66.67	100.00
农业劳动力占比	<50%	14.03	36.65	49.32	100.00	5.88	16.29	77.83	100.00	15.38	19.46	65.16	100.00
	≥50%	16.30	39.13	44.57	100.00	7.07	17.93	75.00	100.00	15.22	23.37	61.41	100.00
农业收入占比	0～30%	13.46	28.85	57.69	100.00	5.77	7.69	86.54	100.00	19.23	13.46	67.31	100.00
	31%～50%	12.93	37.93	49.14	100.00	4.31	20.69	75.00	100.00	12.93	17.24	69.83	100.00
	51%～70%	14.67	41.33	44.00	100.00	8.00	12.00	80.00	100.00	14.67	26.67	58.67	100.00
	71%及以上	17.28	38.89	43.83	100.00	7.41	19.75	72.84	100.00	16.05	24.07	59.88	100.00
开垦行为	没有	15.63	35.94	48.44	100.00	6.25	23.96	69.79	100.00	18.75	24.48	56.77	100.00
	有	14.55	39.44	46.01	100.00	6.57	10.80	82.63	100.00	12.21	18.31	69.48	100.00

表 6-11 黑河中游典型灌区转移作物灌溉用水的农户受偿意愿与农户环境认知水平和环保意识的关系

单位：个

指标		制种玉米						大田玉米						制种西瓜					
		不愿意		愿意		合计		不愿意		愿意		合计		不愿意		愿意		合计	
		样本	比率	样本	比率	样本	比率	样本	比率	样本	比率	样本	比率	样本	比率	样本	比率	样本	比率
开垦耕地是否挤占生态用水	否	23	9%	229	91%	252	100%	19	9%	189	91%	208	100%	3	5%	58	95%	61	100%
	不清楚	29	11%	234	89%	263	100%	28	12%	205	88%	233	100%	10	7%	143	93%	153	100%
	是	6	3%	188	97%	194	100%	7	4%	149	96%	156	100%	5	3%	186	97%	191	100%
土地盐碱化和沙漠化对您生产和生活的影响	非常严重	9	4%	204	96%	213	100%	9	5%	170	95%	179	100%	2	1%	218	99%	220	100%
	严重	30	10%	278	90%	308	100%	23	8%	266	92%	289	100%	12	8%	148	93%	160	100%
	一般	15	13%	101	87%	116	100%	14	17%	67	83%	81	100%	4	17%	19	83%	23	100%
	不严重	1	3%	35	97%	36	100%	5	16%	26	84%	31	100%	0	0%	2	100%	2	100%
	没影响	3	8%	33	92%	36	100%	3	18%	14	82%	17	100%	0	0%	0	0%	0	100%
地下水位下降对您生产和生活的影响	非常严重	2	14%	12	86%	14	100%	1	6%	16	94%	17	100%	1	3%	28	97%	29	100%
	严重	8	4%	171	96%	179	100%	7	5%	128	95%	135	100%	4	3%	139	97%	143	100%
	一般	31	11%	263	89%	294	100%	19	8%	220	92%	239	100%	10	6%	146	94%	156	100%
	不严重	14	8%	170	92%	184	100%	21	14%	125	86%	146	100%	1	3%	35	97%	36	100%
	没影响	3	8%	35	92%	38	100%	6	10%	54	90%	60	100%	2	5%	39	95%	41	100%
生态湿地退化对您生产和生活的影响	非常严重	2	22%	7	78%	9	100%	0	0%	15	100%	15	100%	0	0%	36	100%	36	100%
	严重	0	0%	85	100%	85	100%	1	1%	84	99%	85	100%	4	4%	108	96%	112	100%
	一般	31	8%	339	92%	370	100%	21	8%	259	93%	280	100%	9	5%	175	95%	184	100%
	不严重	20	10%	180	90%	200	100%	23	15%	132	85%	155	100%	3	6%	49	94%	52	100%
	没影响	4	9%	40	91%	44	100%	9	15%	53	85%	62	100%	2	10%	19	90%	21	100%

（续）

指标		制种玉米						大田玉米						制种西瓜					
		不愿意		愿意		合计		不愿意		愿意		合计		不愿意		愿意		合计	
		样本	比率	样本	比率	样本	比率	样本	比率	样本	比率	样本	比率	样本	比率	样本	比率	样本	比率
风沙天气对您生产和生活的影响	非常严重	5	4%	127	96%	132	100%	1	1%	92	99%	93	100%	4	2%	195	98%	199	100%
	严重	34	8%	368	92%	402	100%	29	9%	310	91%	339	100%	8	5%	146	95%	154	100%
	一般	12	10%	107	90%	119	100%	10	9%	98	91%	108	100%	6	14%	38	86%	44	100%
	不严重	5	16%	27	84%	32	100%	10	26%	29	74%	39	100%	0	0%	7	100%	7	100%
	没影响	2	8%	22	92%	24	100%	4	22%	14	78%	18	100%	0	0%	1	100%	1	100%
退耕是否可以改善生态环境	否	9	29%	22	71%	31	100%	19	56%	15	44%	34	100%	1	4%	25	96%	26	100%
	不清楚	23	23%	78	77%	101	100%	19	21%	72	79%	91	100%	8	12%	61	88%	69	100%
	是	26	5%	551	95%	577	100%	16	3%	456	97%	472	100%	9	3%	301	97%	310	100%
转移灌溉用水是否会改善生态环境	否	18	19%	78	81%	96	100%	19	23%	62	77%	81	100%	1	2%	61	98%	62	100%
	不清楚	32	22%	113	78%	145	100%	25	21%	95	79%	120	100%	9	10%	77	90%	86	100%
	是	8	2%	460	98%	468	100%	10	3%	386	97%	396	100%	8	3%	249	97%	257	100%

6.3.1.3 农户对提示金额的反应

根据调查结果对典型灌区种植主要作物的受访农户对提示金额的反应情况进行汇总，见表 6-12。其中，制种玉米的有效问卷数为 709 份，大田玉米为 597 份，制种西瓜为 405 份，不同初始投标值对应的样本数基本相同，误差小于 10%，符合两阶段二分式 CVM 大样本的要求。从表中可以看出，随着初始投标值的提高，受访农户回答“是”的概率增大，随着次轮投标值的下降，受访农户回答否的概率增加，农户总是期望得到更高的补偿金额。但就初始投标值为 400 元/(亩·年）的制种玉米调查情况来看，90%左右的农户能够接受这一补偿金额，但是随着次轮投标值降低到 300 元/(亩·年)，农户接受该投标值的概率仍然高于拒绝的概率。

表 6-12 典型灌区种植主要作物的受访农户对提示金额的反应

单位：份

灌区	作物	初始和次轮投标值 [元/(亩·年)]	否—否	否—是	是—否	是—是	合计
平原灌区	制种玉米	90（60/120）	34	59	36	11	140
			24.29%	42.14%	25.71%	7.86%	100.00%
		120（90/200）	17	45	68	14	144
			11.81%	31.25%	47.22%	9.72%	100.00%
		200（120/300）	13	43	71	19	146
			8.90%	29.45%	48.63%	13.01%	100.00%
		300（200/400）	12	16	76	33	137
			8.76%	11.68%	55.47%	24.09%	100.00%
		400（300/500）	4	7	58	73	142
			2.82%	4.93%	40.85%	51.41%	100.00%
		合计	80	170	309	150	709
			11.28%	23.98%	43.58%	21.16%	100.00%
	大田玉米	55（40/70）	34	78	68	23	203
			16.75%	38.42%	33.50%	11.33%	100.00%
		70（55/85）	41	51	74	35	201
			20.40%	25.37%	36.82%	17.41%	100.00%

（续）

灌区	作物	初始和次轮投标值［元/（亩·年）］	否—否	否—是	是—否	是—是	合计
平原灌区	大田玉米	85（70/100）	20	41	73	59	193
			10.36%	21.24%	37.82%	30.57%	100.00%
		合计	95	170	215	117	597
			15.91%	28.48%	36.01%	19.60%	100.00%
北部荒漠灌区	制种西瓜	250（200/300）	13	43	59	15	130
			10.00%	33.08%	45.38%	11.54%	100.00%
		300（250/350）	16	23	65	38	142
			11.27%	16.20%	45.77%	26.76%	100.00%
		350（300/400）	7	10	75	41	133
			5.26%	7.52%	56.39%	30.83%	100.00%
		合计	36	76	199	94	405
			8.89%	18.77%	49.14%	23.21%	100.00%

6.3.1.4 农户受偿方式的选择

农户受偿方式主要受农户年龄、受教育水平、家庭农业劳动力占比和家庭农业收入占比的影响，见表6-13。由表可知，现金和农业补贴是农户选择最多的两种补偿方式。农户对养老补贴的接受程度受年龄的影响比较大，60岁以上的农户更愿意接受养老补贴，一些较年轻的农户担心养老补贴政策会发生变化，等自己老了不一定能得到相应的补贴，所以较少选择这一补偿方式。选择教育补贴的大多是年龄为30～54岁的家里有学生的农户，但选择小额贷款的农户较少，只有个别种植设施蔬菜的农户作出这一选择。

对于其他补偿方式，年龄较低的农户选择实物补贴的比例更高，年龄大的农户选择实物补贴的相对较少，原因主要是年龄大的农户种植经验比较丰富，考虑到不同作物需要的化肥类型不同，如果以化肥、农药、种子等形式进行补偿，担心到时产品质量出问题。此外，订单农业一般由制种公司提供种子和化肥，所以经验比较丰富的农户不会选择实物补贴。同样，技术补贴能够被年轻的和受教育水平高的农户接受，他们更愿意发展滴灌，节约用水，而种植经验丰富的农户考虑到土地的破碎程度，认为如果土地不平整，很难实行技术补贴，所以不会选择技术补贴。非农就业机会更易被年轻的和受教育水平高的农户接受，45～54岁的农户较少接受非农就业机会这样的补贴形式，原因是许多非农工作不会选择他们这个年龄的劳动力，并且这部分人家庭农业收入占比较高，不易外出务工。此外，65岁及以上的农户也有选择非农就业机会补偿的，他们是考虑到为下一辈提供就业机会。

表6-13 典型灌区种植主要作物的受访农户受偿方式选择情况与影响因素的关系（百分比）

灌区	作物	变量		选择不同货币补偿形式的占比					选择其他补偿形式的占比		
				现金	农业补贴	养老补贴	教育补贴	小额贷款	实物补贴	技术补贴	非农就业机会
平原灌区	制种玉米	年龄	0～29岁	100.00	92.31	23.08	61.54	53.85	92.31	76.92	100.00
			30～44岁	98.97	97.94	17.53	52.58	26.80	82.47	53.61	88.66
			45～54岁	99.04	97.44	23.08	33.65	9.94	76.60	44.87	76.92
			55～64岁	99.40	96.99	50.00	14.46	5.42	81.93	41.57	51.81
			65岁及以上	100.00	82.43	87.84	9.46	1.35	74.32	29.73	29.73
		受教育水平	小学及以下	99.03	93.53	50.81	21.36	7.44	80.26	37.22	53.40
			初中	99.27	97.45	24.09	36.50	9.49	76.28	48.18	79.93
			高中	100.00	97.37	22.37	36.84	32.89	81.58	56.58	78.95
			专科及以上	100.00	100.00	0.00	33.33	0.00	100.00	100.00	100.00
		农业劳动力占比	<50%	99.27	97.07	34.47	34.72	11.49	80.68	47.43	73.35
			≥50%	99.21	93.28	39.13	20.95	10.67	75.89	39.13	58.10
		农业收入占比	0～30%	98.44	96.88	40.63	28.13	12.50	84.38	43.75	64.06
			31%～50%	100.00	95.14	36.22	33.51	12.97	87.03	49.73	76.76
			51%～70%	99.26	96.30	31.85	40.74	8.15	75.56	53.33	85.19
			71%及以上	98.92	95.32	37.41	21.58	11.15	73.74	36.33	53.60
	大田玉米	年龄	0～29岁	88.89	77.78	11.11	22.22	55.56	77.78	55.56	88.89
			30～44岁	97.47	88.61	18.99	48.10	18.99	82.28	51.90	82.28
			45～54岁	98.76	94.63	25.62	35.54	10.33	80.58	53.31	77.27
			55～64岁	97.89	95.07	54.93	14.08	3.55	83.10	49.30	45.07
			65岁及以上	94.03	74.63	82.09	8.96	1.49	76.12	29.85	20.90

（续）

灌区	作物	变量		选择不同货币补偿形式的占比					选择其他补偿形式的占比		
				现金	农业补贴	养老补贴	教育补贴	小额贷款	实物补贴	技术补贴	非农就业机会
平原灌区	大田玉米	受教育水平	小学及以下	96.98	89.06	53.21	17.74	7.17	82.64	42.64	49.81
			初中	98.58	93.87	24.53	38.68	8.49	78.77	54.25	75.47
			高中	98.21	91.07	30.36	37.50	25.45	80.36	57.14	73.21
			专科及以上	100.00	80.00	20.00	40.00	0.00	80.00	100.00	100.00
		农业劳动力占比	<50%	97.58	92.73	36.67	34.55	10.61	83.03	51.82	67.88
			≥50%	97.61	88.52	43.06	18.18	7.69	77.51	44.98	54.55
		农业收入占比	0～30%	95.95	89.19	43.24	21.62	8.22	85.14	50.00	50.00
			31%～50%	98.11	93.08	39.62	36.48	10.06	87.42	54.72	71.70
			51%～70%	100.00	93.75	32.14	40.18	7.14	78.57	51.79	78.57
			71%及以上	96.39	88.66	41.24	17.01	10.82	75.26	42.78	51.03
北部荒漠灌区	制种西瓜	年龄	0～29 岁	100.00	100.00	0.00	0.00	0.00	100.00	0.00	100.00
			30～44 岁	95.00	95.00	22.50	40.00	10.00	62.50	27.50	80.00
			45～54 岁	94.67	89.94	25.44	33.73	4.73	67.46	27.81	79.88
			55～64 岁	97.98	80.81	61.62	22.22	3.03	68.69	29.29	35.35
			65 岁及以上	98.36	67.21	86.89	16.39	0.00	68.85	27.87	14.75
		受教育水平	小学及以下	97.38	81.68	54.45	22.51	3.14	64.40	24.61	42.93
			初中	95.39	86.84	36.18	37.50	3.95	71.05	32.89	70.39
			高中	91.67	87.50	25.00	20.83	4.17	66.67	20.83	83.33
			专科及以上	100.00	100.00	33.33	0.00	66.67	100.00	66.67	100.00
		农业劳动力占比	<50%	96.62	87.44	40.10	29.95	4.83	68.12	30.43	57.49
			≥50%	95.71	80.37	50.92	26.38	3.07	66.87	25.15	57.06
		农业收入占比	0～30%	98.04	82.35	50.98	29.41	3.92	72.55	29.41	43.14
			31%～50%	96.23	87.74	48.11	30.19	4.72	72.64	35.85	62.26
			51%～70%	97.18	91.55	29.58	39.44	1.41	61.97	26.76	77.46
			71%及以上	95.07	78.87	47.89	21.13	4.93	64.79	22.54	48.59

6.3.2 WTA推定和影响因素分析

6.3.2.1 变量选取及描述性统计

结合相关研究和样本特征，首先，由于平原灌区种植制种玉米、大田玉米和北部荒漠灌区种植制种西瓜的农户主要采用河水漫灌，灌溉水源和灌溉技术的差异很小；其次，同一个县/区的不同乡/镇实施的是相同的水价政策，水价的不同已经随着作物的区分进行了区分；最后，制种玉米和制种西瓜是订单农业，而种植大田玉米的农户也主要是以出售为主，农户均面临着市场价格浮动的影响。另外，初始投标值和次轮投标值具有较高的共线性，所以，在变量的选取中不再重点考察灌溉水源、灌溉技术、水价、市场风险和次轮投标值等因素的影响。

以下主要从农户人口社会学特征、耕地特征、灌溉特征、政策影响以及农户生态保护意识等方面选取16个主要变量，分析其对转移灌溉用水的农户受偿意愿的影响，变量含义见表6-14，描述性统计情况见表6-15。

表6-14 典型灌区种植主要作物的农户转移灌溉用水受偿意愿的主要影响变量及其含义

变量类型	影响因素	变量符号	具体含义
因变量	农户受偿意愿	Y	1＝NN（否—否），2＝NY（否—是），3＝YN（是—否），4＝YY（是—是）
自变量	初始投标值	lnBID	初始投标值的对数
人口社会学特征	年龄	$D1$	1＝0～29岁，2＝30～44岁，3＝45～54岁，4＝55～64岁，5＝65岁及以上
	受教育程度	$D2$	0＝文盲，1＝小学，2＝初中，3＝高中，4＝专科，5＝本科，6＝研究生及以上学历
	家庭农业劳动力占比	lnRAL	家庭农业劳动力占家庭总人口比例的对数
耕地和收入特征	耕地块数	lnNP	耕地块数的对数，反映农户的生产规模
	开垦耕地面积占比	ln$RRLA$	开垦耕地面积占家庭耕地面积比例的对数
	对应作物的耕地质量	$D3$	0＝好地，1＝有好有坏，2＝坏地
	家庭农业收入占比	lnRAI	家庭农业收入占家庭总收入比例的对数

（续）

变量类型	影响因素	变量符号	具体含义
灌溉特征	灌溉水费	ln*IC*	不同农户不同作物的每亩灌溉水费的对数
政策影响	对目前补贴政策的满意度	*D*4	0＝非常不满意，1＝不满意，2＝一般，3＝满意，4＝非常满意
农户生态保护意识	将盈余灌溉用水用于开垦耕地是否挤占了环境用水	*D*5	0＝否，1＝不清楚，2＝是
	土地盐碱化和沙漠化对生产和生活的影响	*D*6	0＝非常严重，1＝严重，2＝一般，3＝不严重，4＝没影响
	地下水位下降对生产和生活的影响	*D*7	0＝非常严重，1＝严重，2＝一般，3＝不严重，4＝没影响
	生态湿地退化对生产和生活的影响	*D*8	0＝非常严重，1＝严重，2＝一般，3＝不严重，4＝没影响
	风沙天气对生产和生活的影响	*D*9	0＝非常严重，1＝严重，2＝一般，3＝不严重，4＝没影响
	转移灌溉用水对缩减耕地开垦面积的作用	*D*10	0＝非常明显，1＝明显，2＝一般，3＝不明显，4＝没作用
	是否愿意将盈余的灌溉用水用于保护生态环境	*D*11	0＝不愿意，1＝愿意，2＝不清楚

表 6－15　典型灌区种植主要作物的、转移灌溉用水的农户受偿意愿影响变量的描述性统计

变量	制种玉米				大田玉米				制种西瓜			
	极小值	极大值	均值	标准差	极小值	极大值	均值	标准差	极小值	极大值	均值	标准差
BID	90.00	400	221.41	114.86	55.00	85.00	69.75	12.22	250	350	300.37	40.34
*D*1	1.00	5.00	3.28	0.90	1.00	5.00	3.35	0.92	1.00	5.00	3.49	0.90
*D*2	1.00	4.00	1.65	0.69	1.00	5.00	1.61	0.71	1.00	4.00	1.55	0.65
RAL	0.00	1.00	0.45	0.21	0.00	1.00	0.45	0.22	0.00	1.00	0.48	0.23
NP	2.00	200	13.18	12.28	2.00	220	13.84	15.67	3.00	37.00	12.07	5.47

（续）

变量	制种玉米				大田玉米				制种西瓜			
	极小值	极大值	均值	标准差	极小值	极大值	均值	标准差	极小值	极大值	均值	标准差
RRLA	0.00	0.88	0.22	0.19	0.00	1.00	0.27	0.20	0.00	1.00	0.14	0.16
*D*3	0.00	2.00	0.01	0.12	0.00	2.00	1.67	0.69	1.00	1.00	1.00	0.00
RAI	0.00	1.00	0.67	0.28	0.00	1.00	0.63	0.29	0.00	1.00	0.65	0.29
IC	100	420	249.89	36.90	0.00	307	204.31	66.15	70.00	390	220.66	50.29
*D*4	1.00	4.00	2.41	0.62	0.00	4.00	2.40	0.69	0.00	4.00	2.43	0.80
*D*5	0.00	2.00	0.92	0.79	0.00	2.00	0.91	0.78	0.00	2.00	1.32	0.72
*D*6	0.00	4.00	1.12	1.05	0.00	4.00	1.03	0.95	0.00	3.00	0.52	0.63
*D*7	0.00	4.00	2.07	0.89	0.00	4.00	2.16	0.98	0.00	4.00	1.80	1.05
*D*8	0.00	4.00	2.26	0.80	0.00	4.00	2.27	0.92	0.00	4.00	1.78	0.96
*D*9	0.00	4.00	1.17	0.90	0.00	4.00	1.25	0.90	0.00	4.00	0.66	0.76
*D*10	0.00	4.00	1.44	0.67	0.00	4.00	1.42	0.71	0.00	4.00	1.49	0.84
*D*11	0.00	1.00	0.92	0.27	0.00	1.00	0.91	0.29	0.00	1.00	0.96	0.21

初始投标值和人口社会学特征。一般认为转移作物灌溉用水的初始投标值（ln*BID*）越高，农户接受补偿的意愿越强烈；年龄越低（*D*1）、受教育水平（*D*2）越高、家庭农业劳动力占比（ln*RAL*）越高的农户，接受转移灌溉用水补偿的意愿越强烈。这主要是考虑到年轻的、受教育水平高的农户，环保意识更强，接受新事物的能力更强，受偿意愿更强烈；农业劳动力占比较高的家庭对农业生产管理更精细，作物灌溉技术效率更高，其受偿意愿会相对较强烈。

耕地和收入特征。就调研情况来看，农户耕地面积和地块数呈正比关系，一般认为家庭耕地面积越大，耕地块数（ln*NP*）越多，耕地质量（*D*3）越差，农户受到转移灌溉用水的影响越大，农户的受偿意愿就越强烈。然而，对于开垦耕地面积占比（ln*RRAL*）更大的农户来说，转移灌溉用水会使其面临退耕的威胁，出于对农业收入的依赖和对土地的依恋，农户接受生态补偿的意愿会更弱，要求的受偿金额更高。农业收入占比（ln*RAI*）越高的家庭，对农业收入的依赖度越高，为了防止转移灌溉用水导致作物减产、影响家庭收入，其受偿意愿较弱，要求的补偿金额更高。

灌溉特征和政策影响。农户灌溉水费（ln*IC*）越高，受偿意愿越强烈，要求的受偿金额可能越低。农户对目前补贴政策的满意度（$D5$）越高，其受偿意愿越强烈，要求的受偿金额可能越低。

农户生态保护意识。农户生态保护意识（$D5$、$D6$、$D8$、$D9$）越强，认为周围环境对自己的影响越严重，越愿意接受补偿，即受偿意愿越强烈，要求的受偿金额越低。认为地下水位下降对生产和生活的影响（$D7$）越不严重，农户的受偿意愿越强烈，与其他环境恶化的情况相比，这种情况下农户可能考虑到转移走河水还可以用井水来补充。认为转移灌溉用水对缩减耕地开垦面积的作用（$D10$）越大的农户，受偿意愿可能越弱，要求的受偿金额则越高。愿意接受政府补偿将灌溉用水用于生态建设（$D11$）的农户，其生态保护意识较强，受偿意愿较强烈，能够接受的补偿金额相对较低。

6.3.2.2 Logit 模型构建

由 CVM 调查问卷的特征可知，被调查者的回答只包含“是”和“否”两种结果，采用 Logit 模型进行估计，假定其函数式为：

$$y=a+bx+cw+\varepsilon \tag{6-5}$$

其中，x 代表问卷中对应的提示金额，w 指影响被调查者受偿意愿的其他社会经济变量，ε 是扰动项，a、b、c 是参数。y 有两种可能，即 $y^*=1$(yes) 和 $y^*=0$(no)。

当被调查者回答 no 时：

$$\varepsilon \leqslant -a-bx-cw \tag{6-6}$$

如果 F 是 ε 的分布函数，被调查者回答 no 的概率为：

$$P_{no}(x)=F(-a-bx-cw) \tag{6-7}$$

显然，回答 yes 的概率为：

$$P_{yes}(x)=1-F(-a-bx-cw) \tag{6-8}$$

ε 服从 Logistic 分布，即：

$$F(z)=\frac{1}{1+e^{-z}} \tag{6-9}$$

由 $z=-a-bx-cw$，得到：

$$P_{yes}(x)=1-F(-a-bx-cw)=1-\frac{1}{1+e^{a+bx+cw}} \tag{6-10}$$

设 yes 的概率为 1/2，则 WTA 的中位数为：

$$WTA_{median}=-\frac{a+cw}{b} \tag{6-11}$$

WTA 的平均值为：

$$WTA_{mean}=\int_0^{x_{\max}}(1-F(-a-bx-cw))\mathrm{d}x=\int_0^{x_{\max}}\frac{\mathrm{e}^{a+bx+cw}}{1+\mathrm{e}^{a+bx+cw}}\mathrm{d}x=\frac{1}{b}\ln\frac{1+\mathrm{e}^{a+bx_{\max}+cw}}{1+\mathrm{e}^{a+cw}} \tag{6-12}$$

运用最大似然估计对参数 a、b、c 的值进行推算。在两阶段二分式 CVM 中，设 π_{yy} 是被调查者对第一阶段提示金额 x_i 回答“yes”，对第二阶段的较低提示金额 x_i^l 也回答“yes”的概率；π_{yn} 是被调查者对第一阶段提示金额 x_i 回答“yes”，而对第二阶段提示金额回答“no”的概率；π_{ny} 是被调查者对第一阶段提示金额 x_i 回答“no”，对第二阶段较高提示金额 x_i^u 回答“yes”的概率；π_{nn} 是对第一阶段和第二阶段的提示金额都回答“no”的概率。yy_i、yn_i、ny_i、nn_i 是被调查者回答状况的虚变量。对应被调查者的回答，这四个虚变量中只能有一个是 1，其他三个为 0。如被调查者对第一阶段的提示金额 x_i 回答“yes”，对于第二阶段较低的提示金额也回答“yes”时，$yy_i=1$，$yn_i=ny_i=nn_i=0$。这时两阶段二分式 CVM 的对数似然函数可以表示为：

$$\ln L=\sum_{i=1}^{n}[yy_i\ln\pi_{yy}(x_i)+yn_i\ln\pi_{yn}(x_i)+ny_i\ln\pi_{ny}(x_i)+nn_i\ln\pi_{nn}(x_i)] \tag{6-13}$$

6.3.2.3 结果说明

运用 Stata12.0 软件对样本数据进行处理，得到影响变量的系数，见表 6-16。从表中可以看出，模型整体拟合效果较好，且 Prob＞chi2＝0.000 0，说明回归方程总体显著，具有较强的解释力。根据公式（6-11）和公式（6-12），分别得到转移制种玉米灌溉用水的农户平均 WTA 是 366.38 元/(亩·年)，中位值是 146.25 元/(亩·年)；转移大田玉米灌溉用水的农户平均 WTA 是 91.87 元/(亩·年)，中位值是 65.18 元/(亩·年)；转移制种西瓜灌溉用水的农户平均 WTA 是 386.35 元/(亩·年)，中位值是 320.07 元/(亩·年)。根据作物投入产出情况、土地流转情况、发展高效灌溉技术的农户需要承担的成本以及农户 WTA 频率分布（表 6-12），本书认为中位值更合理，即转移制种玉米灌溉用水的农户最低 WTA 是 146.25 元/(亩·年)，大田玉米是 65.18 元/

（亩·年），制种西瓜是 320.07 元/（亩·年）。

根据临泽县和高台县 2018 年统计年鉴显示，临泽县制种玉米种植面积为 194 636 亩，大田玉米是 155 072 亩，高台县制种西瓜种植面积为 25 410 亩，补偿期限为 10 年，则转移制种玉米灌溉用水的补偿成本约为 2.85 亿元，转移大田玉米灌溉用水的补偿成本约为 1.01 亿元，转移制种西瓜的补偿成本约为 0.83 亿元，所以，基于农户受偿意愿的转移农业用水补偿总成本约为 4.69 亿元。该结论可以为各地制定转移农业用水补偿政策提供依据。WTA 的主要影响因素如下：

初始投标值。初始投标值（lnBID）对转移灌溉用水的农户受偿意愿具有正向影响，且在 1%水平上对制种玉米、大田玉米和制种西瓜三种作物显著。这与预期相符，初始投标值越高，农对补偿的接受意愿越强烈。

人口社会学特征变量。首先，年龄（$D1$）对转移作物灌溉用水的农户受偿意愿的影响有正有负，但都不显著。农户年龄对种植制种玉米的农户受偿意愿的影响是负的，说明种植制种玉米的农户年龄越大，接受补偿的意愿就越弱。但对种植大田玉米和制种西瓜的农户的受偿意愿而言，年龄的影响是正的，说明农户年龄越大，受偿意愿越强烈。可能是因为受访农户的年龄差异较小，大多集中在 45～65 岁，导致结果不显著。其次，受教育程度（$D2$）对三种作物种植户的受偿意愿都具有正向影响，且分别在 5%和 10%水平上对种植大田玉米和制种西瓜的农户的受偿意愿影响显著。这说明农户受教育水平越高，其受偿意愿越强烈，越愿意将节约的灌溉用水用于保护生态环境，与预期相符。最后，家庭农业劳动力占比（lnRAL）对三种作物种植户受偿意愿的影响都是正向的，且在 1%水平上对制种西瓜的种植户受偿意愿影响显著，与预期相符。说明家庭农业劳动力越多，越有利于对作物进行精细化管理、提高制种西瓜灌溉技术效率，所以农户的受偿意愿越强烈。

耕地和收入特征变量。耕地块数（lnNP）对农户受偿意愿的影响有正有负：对种植制种玉米和制种西瓜的农户的影响是正的，且分别在 10%和 5%水平上显著；对种植大田玉米的农户的影响是负的，原因可能是大田玉米大多种植在开垦的耕地上，耕地盐碱度比较高，农户考虑到转移灌溉用水可能会退耕，所以受偿意愿比较弱，要求的受偿金额也会比较高，但是这一影响并不显著。农户开垦耕地面积占比（ln$RRLA$）对农户受偿意愿的影响均为负，且对大田玉米种植户的影响在 5%水平上显著。耕地质量（$D3$）对农户受偿意愿的影响都是正的，且对大田玉米的影响在10%水平上是显著的，原因主要是大多数农户在开垦耕地上种植大田玉米，制种玉米和制种西瓜一般会在质量好的耕地上种植。家庭农业收入占比（ln*RAI*）对农户受偿意愿的影响都是负的，且对制种西瓜种植户的影响在1%水平上显著，说明家庭农业收入占比越高，农户受偿意愿越弱，要求的受偿金额越高。

表6-16　典型灌区种植主要作物的农户受偿意愿影响因素Logit回归结果

类型	影响变量	平原灌区		北部荒漠灌区
		制种玉米	大田玉米	制种西瓜
	C	13.234 2 (2.86)	8.189 (2.45)	5.978 6 (2.51)
投标值	ln*BID*	1.757 6*** (11.88)	1.719 2*** (3.89)	0.608 7*** (4.87)
人口社会学特征	*D*1	−0.042 2 (−0.47)	0.034 7 (0.35)	0.032 1 (0.24)
	*D*2	0.018 1 (0.16)	0.244 7** (1.98)	0.321 8* (1.87)
	ln*RAL*	0.130 3 (0.68)	0.238 4 (1.18)	0.676 8*** (2.95)
	ln*NP*	0.230 7* (1.76)	−0.006 3 (−0.04)	0.502 5** (2.20)
耕地和收入特征	ln*RRLA*	−0.002 7 (−0.03)	−0.347 2** (−2.09)	−0.027 8 (−0.28)
	*D*3	0.890 3 (1.41)	0.153* (1.35)	—
	ln*RAI*	−0.188 1 (−1.10)	−0.271 7 (−1.56)	−0.645 4*** (−3.05)
灌溉特征	ln*IC*	0.966 9** (2.07)	0.506 9** (2.56)	0.818 3** (2.04)
政策影响	*D*4	0.436 2*** (3.49)	0.046 7 (0.4)	0.083 6 (0.67)

（续）

类型	影响变量	平原灌区		北部荒漠灌区
		制种玉米	大田玉米	制种西瓜
农户生态保护意识	*D*5	0.019 7 (0.20)	−0.151 7 (−1.48)	0.202 7 (1.5)
	*D*6	−0.074 0 (−0.97)	−0.093 (−1.05)	−0.245 8 (−1.47)
	*D*7	0.294 5*** (2.82)	0.050 3 (0.51)	0.107 3 (1.00)
	*D*8	−0.288 2** (−2.40)	−0.260 8** (−2.36)	−0.202 1* (−1.62)
	*D*9	−0.010 7 (−0.12)	−0.159 5* (−1.68)	−0.073 (−0.49)
	*D*10	−0.274 6** (−2.38)	−0.254 8** (−2.24)	−0.116 9 (−0.97)
	*D*11	0.185 8 (0.57)	0.892 4*** (2.8)	1.403 3** (2.27)
Log likelihood=		−807.100 7	−752.231 8	−456.631 3
LR chi2 (17) =		199.65	92.35	72.73
Prob>chi2=		0.000 0	0.000 0	0.000 0
Pseudo R2=		0.110 1	0.057 8	0.073 8
Number of obs=		709	597	405

注：*、**、*** 分别表示在10%、5%以及1%水平下显著；括号中的值为z值。

灌溉特征和政策影响变量。灌溉水费（ln*IC*）对农户受偿意愿的影响都是正向的，且均在5%水平上显著，说明作物每亩灌溉水费越高，农户受偿意愿越强烈，能够接受的补偿金额越低。农户对目前补贴政策的满意度（*D*4）对农户受偿意愿的影响都是正向的，且对制种玉米种植户的影响在1%水平上显著。

农户生态保护意识变量。农户对开垦耕地对生态用水影响的认知（*D*5）对种植制种玉米和制种西瓜的农户受偿意愿的影响是正向的，对大田玉米种植户受偿意愿的影响是负向的，但都不显著。原因可能是农户现在种植的耕地是上一辈人开垦好的，现在的农户对开垦耕地是否挤占生态用水并不清楚。土地盐碱化和沙漠化对生产和生活的影响（$D6$）对农户受偿意愿的影响都是负向的，这与预期相符，农户认为土地盐碱化和沙漠化对生产和生活的影响越严重，则对应的变量值越小，受偿意愿越强烈，要求的补偿金额越低。农户对地下水位下降对生产生活的影响的认知（$D7$）对其受偿意愿的影响是正向的，说明感知地下水位下降的影响越小，农户受偿意愿越强烈，接受的补偿金额越低。与 $D6$ 相同，农户对生态湿地退化对生产和生活的影响的认知（$D8$）对其受偿意愿的影响是负向的，且分别在5%、5%和10%水平上影响制种玉米、大田玉米和制种西瓜种植户的受偿意愿。农户对风沙天气对生产和生活的影响的认知（$D9$）对三种作物种植户受偿意愿的影响也都是负向的，且在10%水平上对大田玉米种植户影响显著，这主要是因为常年恶劣的生态环境使得农户对风沙天气的影响不再敏感，农户对风沙天气的感知差异较小，使得风沙天气的影响不显著。农户对转移灌溉用水对缩减耕地开垦面积的作用的认知（$D10$）对其受偿意愿的影响都是负的，且在5%水平上对制种玉米和大田玉米种植户影响显著，说明认为转移用水对缩减耕地面积的影响越大的农户受偿意愿越强烈。是否愿意将盈余的灌溉用水用于保护生态环境（$D11$）对农户受偿意愿的影响都是正向的，且分别在1%和10%水平上对大田玉米和制种西瓜种植户影响显著。

最后，为了检验模型结果的稳健性并分析变量内生性影响，并考虑到灌溉费用（$\ln IC$）、家庭农业收入占比（$\ln RAI$）、开垦耕地面积占比（$\ln RRAL$）等变量对农户受偿意愿来说可能具有内生性，不太适合作为一个解释变量来简单考察它对另一个变量的影响程度，本书参考周晨、李国平（2015）的做法采用逐步剔除解释变量的方法对其影响进行说明。首先，在模型中剔除灌溉费用（$\ln IC$）的影响，除了制种玉米种植户受偿意愿的Logit模型中开垦耕地面积占比（$\ln RRAL$）变量的符号由负变为正之外，三个模型中其他变量的符号和显著性均不变。在此基础上剔除开垦耕地面积占比（$\ln RRAL$）的影响，发现三个模型中其他变量的符号和显著性均保持不变。进一步剔除家庭农业收入占比（$\ln RAI$）的影响，发现其他变量的符号和显著性也无变化。由此可见，计量模型的参数估计结果与前文的分析基本一致，表明估计结果较为有效地排除了内生性因素的影响，主要研究结论是成立的，并且具有较强的解释力和稳定性。

6.4 本章小结

本章推定出黑河流域绿洲边缘区转移制种玉米、大田玉米和制种西瓜灌溉用水的农户最低受偿意愿分别为 146.25 元/(亩·年)、65.18 元/(亩·年)、320.07 元/(亩·年)。如果补偿期限为 10 年，根据统计年鉴得到黑河绿洲边缘区转移主要作物农业用水补偿总成本约为 4.69 亿元。受教育水平、耕地质量、灌溉水费、家庭农业劳动力占比和对目前补贴政策的满意程度等变量对农户受偿意愿的影响是正向的；家庭农业收入占比、农户感知的土地盐碱化和沙漠化、风沙天气和生态湿地退化对其生产和生活的影响程度对农户受偿意愿的影响是负向的。现金、农业补贴、实物补贴是农户接受度较高的补偿方式；是否选择其他补偿方式视情况而定。

相关学者基于 WTP 对恢复黑河流域生态系统服务价值的研究，如吴枚烜（2017）和赵敏娟（2018）等推测了黑河流域中游居民对黑河流域生态系统改善的平均 WTP 为 249.46 元/(户·年)，整个流域农村居民的家庭平均 WTP 为 277.32 元/(户·年)，得到恢复流域生态系统服务的总价值约为 11 亿元。理论上，WTP 和 WTA 是可以互换的，但在实践中，WTP 会受到被访者收入的限制，导致评估的 WTA 通常远高于 WTP，Hanemann（1991）认为 WTA 在 WTP 的 5 倍以内是比较合理的。鉴于此，将本书的研究结果与赵敏娟（2018）的结论进行对比。具体地，根据临泽县和高台县 2018 年统计数据粗略换成按户补偿（临泽县农户数是 34 960 户，平均每户种植制种玉米面积是 5.56 亩，大田玉米 4.44 亩；根据调研情况，高台县农户制种西瓜平均种植面积约是 1 亩），得到制种玉米 WTA 约为 813.15 元/(户·年)，大田玉米 WTA 约为 289.40 元/(户·年)，制种西瓜 WTA 约为 320.07 元/(户·年)。与相关结论进行对比，得到制种玉米的 WTA 是 WTP 的 3.26 倍，大田玉米的 WTA 是 WTP 的 1.16 倍，制种西瓜的 WTA 是 WTP 的 1.28 倍，均未超过 5 倍，可见本书推定的 WTA 是比较合理的。此外，将本书的研究结果与李全新（2009）基于农户成本—效益计算的张掖市玉米每亩补偿标准对比，也是基本一致［按照作物结构转换的补偿标准为 147 元/(亩·年)］。可见，本书推定的 WTA 是比较合理的，可以为相关补偿标准的制定提供科学参考。

此外，我国内陆河流域绿洲扩张威胁生态安全的问题已经得到学者们的广泛关注。如唐增、徐中民等（2010）以石羊河流域为研究对象，采用最小数据法测度出民勤县对农户退耕给予生态补偿的标准应为 421 元/(亩·年)；尚海洋等（2015）基于 CVM 方法测度了石羊河流域农户退耕接受生态补偿的受偿意愿，大约为 500 元/(亩·年)；李青、薛珍、陈红梅等（2016）基于 CVM 理论测度了塔里木河流域不同县/区居民对生态环境改善的支付意愿，下游居民的支付意愿最强烈，为 652 元/年，中游次之，约为 500 元/年，上游最低，为 285 元/年。与已有研究不同，本书推测了将节省的农业用水转移给生态部门的农户受偿意愿，该值低于石羊河流域农户退耕的受偿意愿值，就农户退耕和转移部分灌溉用水的机会成本而言，本书的做法和结果是合理的，能够为黑河流域绿洲边缘区制定灌溉用水转移为生态用水的生态补偿机制提供补偿标准参考。

7 结论与展望

7.1 主要结论

水资源不仅是西北内陆河流域绿洲形成、发展和稳定的基础，还是生态环境的有机组成部分和决定性因素，随着最严格水资源管理制度的实施，供水量不断压缩，未来提升流域水资源利用效率、在维持经济社会发展的情况下实现水资源在不同部门之间的优化配置是流域管理的重点工作。为了提升黑河流域水资源利用效率、优化用水结构、完善可持续流域管理政策、实现流域可持续发展，本书从微观农户行为的角度出发，以黑河中游张掖市典型灌区为研究区域，基于 2014 年调研所得数据和相关统计资料，通过构建 DEA - Tobit 模型测算了典型灌区主要农作物灌溉技术效率并分析了其主要影响因素，得到主要农作物灌溉技术效率均存在提升空间的结论。在此基础上，通过 BEM 模型模拟了水资源转移政策的农户行为响应，指出加强水资源管理和同时加强水土资源管理能够规避节水反弹，但可能降低农户收益。为了在不影响农户收益的前提下将节省的农业用水用于改善生态环境，本书通过建立两阶段二分式 CVM 模型，基于 2019 年农户受偿意愿的调研数据，推定了将节省的灌溉用水转移给当地生态部门的农户受偿意愿。主要结论如下：

第一，黑河流域典型灌区主要农作物灌溉技术效率存在提升空间，降低农地细碎化程度、合理安排作物种植面积、改善耕地质量、采用井水灌溉、根据作物生长需求进行灌溉和施肥等措施可以为提升灌溉技术效率、实施最严格水资源管理政策、实现可持续流域管理提供具体途径。

具体地，在其他投入保持不变的情况下，如果典型灌区某种作物的灌溉技术效率达到目前的最高水平，生产同样产量的该种农作物，灌溉用水存在压缩空间。其中，平原灌区制种玉米和大田玉米的灌溉技术效率平均值为 0.655 3、0.618 5，亩均灌溉用水可分别减少 278.24 立方米和 275.08 立方米；北部荒漠灌区棉花、制种西瓜、玉米套小麦灌溉技术效率平均值为 0.515 8、0.651 8、0.770 1，亩均灌溉用水可分别减少 209.33 立方米、152.94 立方米、101.38 立方米；沿山灌区小麦、马铃薯、大麦和大田玉米灌溉技术效率平均值为 0.855 2、0.692 5、0.745 0、0.640 4，亩均灌溉用水可分别减少 62.47 立方米、119.37 立方米、106.33 立方米和 186.08 立方米。

第二，在作物灌溉技术效率上升的过程中，将节省的灌溉用水转移给非农业部门是限制农户开垦行为、规避节水反弹的有效措施，但是会降低农户收益，影响流域经济—社会—环境—资源的可持续发展，需要辅以合适的补偿政策。

从农户对水资源转移政策的行为响应来看，在放宽土地约束的情景下，农户会将灌溉技术效率提升节省的灌溉用水重新用于农业生产，即出现节水反弹。政策情景的结果显示，相比仅限制土地开垦的政策，限制将节省的灌溉用水重新用于农业生产和同时加强水土资源管理的政策可以有效避免农户开垦耕地导致的灌溉用水反弹，但会降低农户收益，需要辅以补偿政策以促进流域经济发展和社会稳定。其他部门以作物单方水效益为交易水价补偿给农户或将非农就业比例提升至 20%等途径能弥补因加强水土资源管理给农户造成的经济损失。

第三，将节省的农业用水转移给本地生态部门是改善黑河中游绿洲边缘区生态环境的必然选择，而生态补偿可以将农户生态保护行为产生的正外部性内部化为农户的经济收益，是保障水资源转移政策顺利实施、平衡经济社会发展和生态环境建设的重要前提。

本书从农户受偿意愿的角度评估了黑河流域绿洲边缘区转移农业用水的生态补偿标准，得到了转移制种玉米、大田玉米和制种西瓜灌溉用水的农户最低受偿意愿分别为 146.25 元/(亩·年)、65.18 元/(亩·年)、320.07 元/(亩·年)，如果期限为 10 年，那么根据统计年鉴可知黑河流域绿洲边缘区转移主要作物农业用水的补偿总成本约为 4.69 亿元。在生态补偿政策制定的过程中，可以通过提升农户受教育水平、提升耕地质量、合理收取灌溉费用、增加家庭农业劳动力占比和提高农户对目前补贴政策的满意程度等措施提升农户受偿意愿，而家庭农业收入占比、农户感知的土地盐碱化和沙漠化、风沙天气和生态湿地退化对其生产和生活的影响程度等对农户受偿意愿的作用则是负向的。现金、农业补贴、实物补贴是农户接受度较高的补偿方式；养老补贴、教育补贴、非农就业机会的接受度与农户年龄和受教育水平有关；技术补贴和小额贷款的农户接受度较低。

总体上，本书的研究结果表明可以通过调整典型灌区主要农作物种植规模、改变灌溉方式、提高农户生产管理水平等措施提升农业用水效率，并根据农户受偿意愿建立部门间生态补偿机制将不同作物节省的农业用水转移给本地生态部门，说明从微观农户行为方面有利于把可持续流域管理的内容整合在一起，为系统性分析提供抓手，为进一步改进和完善黑河流域可持续流域管理政策提供具体途径，还可为促进我国内陆河流域的可持续发展提供理论和现实借鉴。

7.2 政策建议

基于本书的研究结论，提出如下建议：

（1）合理确定种植规模，优化重组细碎农地，改善耕地质量

考虑张掖市典型灌区间农户耕地面积存在一定差异且地块比较分散的现状，结合农户耕地面积和农地细碎化程度对作物灌溉技术效率起负向作用的结论，笔者认为合理确定农户生产规模并进行耕地资源空间优化重组是必要的。在实践中，应该鼓励土地流转，促进开展农民自主型的“互换并地”、农户（或生产队）主导型的“小块并大块”等耕地整治工作，加快耕地在空间上的优化重组，促进不同农户土地资源的优化配置和高效利用。此外，就北部荒漠灌区质量较差的耕地而言，可以通过合理使用土壤调理剂、种植绿肥和耐盐碱作物、增施有机肥和生物肥、改变灌溉技术等手段改善耕地质量，提高作物灌溉技术效率。

同时，提高作物灌溉技术效率也是转移农业用水补偿政策实施的重要前提。灌溉用水的转移是以推广高效农业节水技术和对灌溉用水进行定量化管理为前提的。首先，需要对渠系进行修整和维护，完善水资源管理体系，科学制定不同灌区的灌溉水量，并根据灌区的不同情况灵活调整。其次，平整土地，大力发展滴灌、管灌和沟灌等高效节水技术。通过调查发现，农户不能接受技术补贴的主要原因是耕地过于破碎，很多地块的面积不到 1 亩，如果实施滴灌，必须先平整土地。目前，甘州区已经对部分耕地进行了平整，并且在国土资源局、林业局、发改委和税务局等政府部门的牵头下开始推行河水滴灌，虽然面临很多问题，比如河水供水时间和作物需水时间错配、还没能完全满足滴灌需要的“小水量、长流水”的需求，但随着水资源供给需求矛盾的不断升级，河水滴灌也将成为未来节水的重要途径。此外，由于北部荒漠灌区耕地的盐碱度较高，需要进行压盐，可以考虑漫灌和沟灌相结合的灌溉方式，既要保证作物产量，又要尽可能节约灌溉用水，用于保护生态环境。

（2）完善水利设施，引导井灌合理使用，增强河水灌溉放水的灵活性

对于有井灌条件的作物（平原灌区大田玉米和沿山灌区小麦、马铃薯、大麦），应根据作物需水规律充分发挥井灌的灵活性优势，避免无效灌溉。对于仅利用河水灌溉的作物（平原灌区制种玉米和北部荒漠灌区主要作物），灌溉技术效率的提高会受到河水定期供应的影响，需要强化农田水利基础设施建设，改善河水供应现状，增强河水灌溉放水的灵活性，为农户节约灌溉用水提供条件。

（3）加强节省农业用水的统一管理，提高水资源管理政策的成效

农户是追求利益最大化的，不会自发将节约的灌溉用水转移给其他部门，更多的是用于扩大农业生产，为了保障节水政策的实施效果和规避节水反弹带来的不利影响，需要根据不同灌区的水土资源匹配情况制定水资源转移政策，发挥政府宏观调控的作用，对节约的农业用水进行统一管理，规避节水反弹，促进农业用水的优化配置。与此同时，需要重视水资源转移政策对不同灌区农户收益的影响，采取适当的补偿政策以促进水资源转移政策顺利实施。

（4）建立转移农业用水的生态补偿机制，促进黑河流域可持续发展

在对农户受偿意愿进行测度的过程中发现，灌溉水费对农户受偿意愿呈正向影响且比较显著，一些农户把转移农业用水的补偿视作支付高水费的补偿，可能会使补偿标准存在偏差，为了促进流域经济—社会—环境—资源协调可持续发展，有必要进一步完善流域管理政策。随着最严格水资源管理制度的实施，黑河中游不同县/区每年的总用水量在不断下调，但是在供水量中却没有单独给生态用水设立指标，生态用水是包含在农业用水指标中的。对于农户而言，这就意味着把水用于灌溉作物和灌溉草地林木的成本是一样的，很明显，农户为了追求利益最大化，不会将灌溉用水用于改善生态环境。对于政府部门而言，在越来越艰巨的节水任务下，黑河中游地区一方面基于政府部门的支持，大力发展高效节水农业来压缩农业用水，另一方面为了保证水利工程需要的维护费用、维持水管部门的正常运转，通过实施累进加价的水价制度倒逼农户节水。但就节水效果来看，高效节水农业比较明显，水价改革政策虽然从政府供水成本和农户农副产品市场价格不断上涨的角度来说是无可厚非的，但是节水效果并不理想，因为从技术上来说农户是否节水不是水价提升能决定的，是灌溉技术和作物生长需求决定的，在作物生长的关键时期如果缺少一次灌水，必然会减产，并且水价上涨还在一定程度上导致部分农户把承包地免费给别人种植或撂荒，增加了社会就业负担（钟方雷等，2016）。需要说明的是，中游地区因为长期承担为下游分水的政治任务，通过高效节水农业节约下来的灌溉用水主要是转移给下游地区了，而对转移用水和耕地扩张导致的地下水超采、地下水位下降、绿洲沙漠过渡带土地沙化严重等生态问题不够重视。

所以，从流域可持续发展的角度考虑，亟待建立生态补偿制度，完善水资源环境评估体系。通过实施生态补偿政策，给农户节水行为以激励，引导人们采取积极的、主动的措施来保护生态环境，将节省的灌溉用水转移给本地生态部门，而不仅是转移给下游地区。目前，黑河中游地区还没有建立比较明确和合理的生态补偿制度。本书推定了种植不同作物的农户的受偿意愿，为绿洲边缘区建立转移农业用水的生态补偿机制提供了补偿标准参考，为该地区或类似地区因地制宜地确定补偿标准提供了借鉴。

（5）提高农户生产管理水平和生态保护意识，提升流域管理政策制定过程中农户的参与程度

首先，农户生产管理水平的提升是实现农业节水的关键。一方面，重视农业知识和灌溉技能的宣传和培训，发挥政府部门的作用，对积极采取节水措施的农户给予补贴和优惠，促进灌溉技术效率的提升；另一方面，发展农户参与式灌溉管理，通过让农户对关系其切身利益的水资源进行管理，增强农户自觉节水意识，进而促进水资源的高效利用。其次，需要通过媒体等加强宣传，提升农户生态保护意识，让农户明白开垦耕地会挤占生态用水，将节约的灌溉用水转移给生态部门可以改善本地生态环境，使自身的生活和生产获益。此外，在制定补偿政策时，要提高农户参与度，本次调查发现很多农户不愿意接受政府补贴这一补偿方式是因为政策透明度较低，层层下发的制度使得农户实际得到的补偿低于应得的补偿，所以，在制定和完善政府政策的过程中，应提高农户参与度，推进决策的科学化和民主化。

（6）健全水权交易市场，促进水资源的优化配置

水权交易是一种重要的生态补偿方式，是实现水资源再配置的有效途径之一。黑河中游绿洲边缘区转移灌溉用水补偿机制的构建不能仅依靠政府的输血型补偿，需要将宏观调控和微观主体相结合，通过完善水权交易机制、健全水权交易市场的方式实现造血型补偿。本书根据作物灌溉技术效率结果，将按照作物耕地面积推定的农户 WTA 粗略地换算成单方水的补偿金额，得到制种玉米单方水的补偿金额是 0.52 元，大田玉米为 0.24 元，制种西瓜是 2.09 元。从流域可持续发展的角度来看，作物单方水补贴金额应该介于灌区农业用水影子价格和水资源生态系统服务价值之间。参考王晓君等（2013）和吴枚烜（2017）的研究，根据农户受偿意愿评估的作物单方水补偿金额为 0.22～4.69 元，说明按照本书的结论制定水权交易价格能够在不降低农业经济收入的同时实现生态环境的改善。但是只有水权交易价格是不够的，还需要健全水权交易市场，完善水权交易机制，期望本书的研究能够抛砖引玉，使黑河流域可持续水资源管理问题得到政府、公众和学者们的更多关注，引发更加深入的研究，为黑河流域构建生态补偿机制提供科学参考。

7.3 研究展望

可持续流域管理是一个多学科交叉、相互联系、相互渗透的重大课题，关系到西北地区的可持续发展。本书针对黑河流域可持续流域管理面临的绿洲农业用水占比过高且存在浪费现象、用水结构不合理、灌溉用水反弹削弱水资源管理成效、绿洲扩张威胁生态安全等一系列问题，从农户行为的角度将水资源利用效率、水资源优化配置以及流域生态补偿机制构建等流域管理问题有机地结合起来，不仅为进一步提升农业用水效率提供了具体途径，如合理确定种植规模、优化重组细碎农地、改善耕地质量、完善水利设施、增强河水灌溉放水的灵活性、提高农户生产管理水平等，还指出可以通过对节省的农业用水进行统一管理的方式规避节水反弹，最后表明根据农户受偿意愿构建部门间生态补偿机制促进农业用水转移为本地生态用水是改进和完善可持续流域管理政策、促进流域水资源优化配置、实现流域可持续发展的有效途径之一。期望本研究能够丰富和延展相关成果，并为黑河及其他内陆河流域的可持续发展提供理论和现实借鉴。但受笔者时间精力和知识水平的限制，本书仍存在一些不足之处：

其他作物灌溉技术效率有待测算。测算作物灌溉技术效率是压缩和转移灌溉用水的前提，本书结合调研情况对黑河流域典型灌区主要农作物的灌溉技术效率进行了测度，但是在实践中，压缩和转移农业用水是一个复杂的系统工程，需要更加细致、科学地对每种作物的灌溉技术效率进行测度，才能对节省的灌溉用水进行统一管理，彻底规避节水反弹带来的负面影响。

BEM 模型有待改进。一方面，由于主要农作物，如制种玉米、制种西瓜是订单农业，农户的投入产出和种植规模会受到市场因素的影响，但是 BEM 模型中没能纳入农户的风险决策，会在一定程度上使模型的模拟结果存在偏差，仍需进一步完善；另一方面，BEM 模型是 1 年期的，不能反映农户的动态变化，可以考虑将 BEM 模型扩展为多年期的动态模型，以反映农户资本积累对未来农业生产的影响。

基于水权交易的市场补偿方式研究有待深入。本书基于农户受偿意愿为绿洲边缘区制定转移农业用水的生态补偿机制提供了补偿标准参考，但是以水权交易为主的生态补偿方式涉及较少，仅依靠政府财政进行生态补贴显然是不可持续的，未来研究中可以考虑龙头企业（如制种公司）与农户生产管理结合的方式对农户进行补偿，也可以考虑完善水权交易制度，建立水权交易市场，依靠市场的力量来完善生态补偿机制。

REFERENCES 参考文献

敖长林，高丹，毛碧琦，等，2015. 空间尺度下公众对环境保护的支付意愿度量方法及实证研究［J］. 资源科学，37（11）：2288－2298.

巴德汉，尤迪，2002. 发展微观经济学［M］. 陶然，译．北京：北京大学出版社．

蔡志坚，杜丽永，蒋瞻，2011. 基于有效性改进的流域生态系统恢复条件价值评估——以长江流域生态系统恢复为例［J］. 中国人口·资源与环境，21（1）：127－134.

陈刚，2016. “PPP政策”下农村电商服务民生模式创新［J］. 西北农林科技大学学报（社会科学版），16（3）：130－135.

程国栋，2002. 黑河流域可持续发展的生态经济学研究［J］. 冰川冻土（4）：335－343.

程清平，钟方雷，左小安，等，2020. 美丽中国与联合国可持续发展目标（SDGs）结合的黑河流域水资源承载力评价［J］. 中国沙漠，40（1）：204－214.

程淑兰，石敏俊，王新艳，等，2006. 应用两阶段二分式虚拟市场评价法消除环境价值货币评估的偏差［J］. 资源科学（2）：191－198.

崔嘉文，张琳，侯君，2014. 密云水库上游地区生态补偿现状分析——以河北省丰宁满族自治县为例［J］. 河北农业科学，18（4）：89－92，96.

崔琰，2010. 黑河流域生态补偿机制研究［D］. 兰州：兰州大学．

段铸，刘艳，孙晓然，2017. 京津冀横向生态补偿机制的财政思考［J］. 生态经济，33（6）：146－150.

樊辉，2016. 基于全价值的石羊河流域生态补偿研究［D］. 杨凌：西北农林科技大学．

樊辉，赵敏娟，史恒通，2016. 选择实验法视角的生态补偿意愿差异研究——以石羊河流域为例［J］. 干旱区资源与环境，30（10）：65－69.

方创琳，2001. 区域可持续发展与水资源优化配置研究——以西北干旱区柴达木盆地为例［J］. 自然资源学报，16（4）：341－347.

耿献辉，张晓恒，宋玉兰，2014. 农业灌溉技术效率及其影响因素实证分析——基于随机前沿生产函数和新疆棉农调研数据［J］. 自然资源学报，29（6）：934－943.

龚亚珍，韩炜，Michael Bennett，等，2016. 基于选择实验法的湿地保护区生态补偿政策研究［J］. 自然资源学报，31（2）：241－251.

韩洪云，赵连阁，王学渊，2010. 农业水权转移的条件——基于甘肃、内蒙典型灌区的实

证研究 [J]. 中国人口·资源与环境，20（3）：100-106.
韩鹏，黄河清，甄霖，等，2012. 基于农户意愿的脆弱生态区生态补偿模式研究——以鄱阳湖区为例 [J]. 自然资源学报，27（4）：625-642.
韩松，王稳，2004. 几种技术效率测量方法的比较研究 [J]. 中国软科学（4）：147-151.
胡鞍钢，王亚华，2001. 从东阳-义乌水权交易看我国水分配体制改革 [J]. 中国水利（6）：35-37.
胡振通，柳荻，孔德帅，等，2017. 基于机会成本法的草原生态补偿中禁牧补助标准的估算 [J]. 干旱区资源与环境，31（2）：63-68.
华士乾，1988. 水资源系统分析指南 [M]. 北京：水利电力出版社.
黄晓慧，陆迁，王礼力，2020. 资本禀赋、生态认知与农户水土保持技术采用行为研究——基于生态补偿政策的调节效应 [J]. 农业技术经济（1）：33-44.
黄宗智，1986. 略论华北近数百年的小农经济与社会变迁——兼及社会经济史研究方法 [J]. 中国社会经济史研究（2）：9-15.
黄祖辉，王建英，陈志钢，2014. 非农就业、土地流转与土地细碎化对稻农技术效率的影响 [J]. 中国农村经济（11）：4-16.
吉田谦太郎，2000. CVM方法在中山间地域农业·农村公益的机能评价 [J]. 农业综合研究，53（1）：45-87.
蒋晓辉，夏军，黄强，等，2019. 黑河97分水方案适应性分析 [J]. 地理学报，74（1）：103-116.
颉耀文，汪桂生，2014. 黑河流域历史时期水资源利用空间格局重建 [J]. 地理研究，33（10）：1977-1991.
贾绍凤，梁媛，2020. 新形势下黄河流域水资源配置战略调整研究 [J]. 资源科学，42（1）：29-36.
金京淑，2011. 中国农业生态补偿研究 [D]. 长春：吉林大学.
金蓉，石培基，王雪平，2005. 黑河流域生态补偿机制及效益评估研究 [J]. 人民黄河，27（7）：4-6.
景喆，李新文，陈强强，2006. 西北内陆河流域实施虚拟水战略效益模拟评价——以甘肃黑河流域的张掖市为例 [J]. 中国农村经济（10）：20-27，36.
李长健，孙富博，黄彦臣，2017. 基于CVM的长江流域居民水资源利用受偿意愿调查分析 [J]. 中国人口·资源与环境，27（6）：110-118.
李春晖，孙炼，张楠，等，2016. 水权交易对生态环境影响研究进展 [J]. 水科学进展，27（2）：146-155.
李贵芳，周丁扬，石敏俊，2019. 西北干旱区作物灌溉技术效率及影响因素 [J]. 自然资源学报，34（4）：853-866.
李国平，石涵予，2015. 退耕还林生态补偿标准、农户行为选择及损益 [J]. 中国人口·

资源与环境，25（5）：152－161.
李海燕，蔡银莺，2016. 基于帕累托改进的农田生态补偿农户受偿意愿——以湖北省武汉市、荆门市和黄冈市典型地区为例［J］. 水土保持研究，23（4）：245－250.
李开月，2017. 黑河调水生态补偿机制探讨［J］. 农业科技与信息（17）：52－53.
李启森，赵文智，2004. 黑河分水计划对临泽绿洲种植业结构调整及生态稳定发展的影响——以黑河中游的临泽县平川灌区为例［J］. 冰川冻土，26（3）：333－343.
李青，薛珍，陈红梅，等，2016. 基于CVM理论的塔里木河流域居民生态认知及支付决策行为研究［J］. 资源科学，38（6）：1075－1087.
李全新，2009. 西北农业节水生态补偿机制研究［D］. 北京：中国农业科学院.
李绍飞，2011. 改进的模糊物元模型在灌区农业用水效率评价中的应用［J］. 干旱区资源与环境，25（11）：175－181.
李希，张爱静，姚莹莹，等，2015. 黑河流域中游灌区灌溉引水量与引水结构的变化分析［J］. 干旱区资源与环境，29（7）：95－100.
李潇，2018. 基于农户意愿的国家重点生态功能区生态补偿标准核算及其影响因素——以陕西省柞水县、镇安县为例［J］. 管理学刊（6）：21－31.
李欣，曹建华，李风琦，2015. 生态补偿参与对农户收入水平的影响——以武陵山区为例［J］. 华中农业大学学报：社会科学版（6）：51－57.
李玉文，陈惠雄，徐中民，2010. 集成水资源管理理论及定量评价应用研究——以黑河流域为例［J］. 中国工业经济（3）：139－148.
柳荻，胡振通，靳乐山，2019. 基于农户受偿意愿的地下水超采区休耕补偿标准研究［J］. 中国人口·资源与环境，29（8）：130－139.
刘峰，段艳，马妍，2016. 典型区域水权交易水市场案例研究［J］. 水利经济，34（1）：23－27，83.
刘纪远，匡文慧，张增祥，等，2014. 20世纪80年代以来中国土地利用变化的基本特征与空间格局［J］. 地理学报，24（2）：3－14.
刘蔚，王涛，曹生奎，等，2009. 黑河流域土地沙漠化变迁及成因［J］. 干旱区资源与环境，23（1）：37－45.
刘玉，2007. 农业现代化与城镇化协调发展研究［J］. 城市发展研究（6）：37－40.
娄帅，王慧敏，牛文娟，等，2013. 基于免疫遗传算法水资源配置多阶段群决策优化模型研究［J］. 资源科学，35（3）：569－577.
陆大道，孙东琪，2019. 黄河流域的综合治理与可持续发展［J］. 地理学报，74（12）：2431－2436.
卢迈，戴小京，1987. 现阶段农户经济行为浅析［J］. 经济研究（7）：17－21.
毛显强，2002. 生态补偿的理论探讨［J］. 中国人口·资源与环境，12（4）：38－41.
梅强，陆玉梅，2008. 基于条件价值法的生命价值评估［J］. 管理世界（6）：174－175.

蒙吉军，汪疆玮，王雅，等，2018. 基于绿洲灌区尺度的生态需水及水资源配置效率研究——黑河中游案例 [J]. 北京大学学报（自然科学版），54（1）：171-180.
蒙吉军，汪疆玮，周朕，等，2017. 黑河中游灌区水资源配置要素对生态用地变化的影响 [J]. 兰州大学学报（自然科学版），53（2）：143-151.
孟戈，王先甲，2009. 水权交易的效率分析 [J]. 系统工程，27（5）：121-123.
潘护林，徐中民，陈惠雄，等，2012. 干旱区可持续水资源管理绩效综合评价——以张掖市甘州区为例 [J]. 干旱区资源与环境，26（7）：1-7.
彭新育，罗凌峰，2017. 基于外部性作用的取水权交易匹配模型 [J]. 中国人口·资源与环境，27（S1）：74-79.
仇焕广，刘乐，李登旺，等，2017. 经营规模、地权稳定性与土地生产率——基于全国 4 省地块层面调查数据的实证分析 [J]. 中国农村经济（6）：30-43.
全世文，刘媛媛，2017. 农业废弃物资源化利用：补偿方式会影响补偿标准吗？[J]. 中国农村经济（4）：13-29.
邵玲玲，牛文娟，唐凡，2014. 基于分散优化方法的漳河流域水资源配置 [J]. 资源科学，36（10）：2029-2037.
尚海洋，刘正汉，毛必文，2015. 流域生态补偿标准的受偿意愿分析——以石羊河流域为例 [J]. 资源开发与市场（7）：783-795.
沈大军，2009. 论流域管理 [J]. 自然资源学报，24（10）：36-41.
沈陈华，冯电军，王旭姣，等，2012. 农地细碎化度测度指数计算的改进 [J]. 资源科学，34（12）：2242-2248.
沈满洪，2005. 水权交易与政府创新——以东阳义乌水权交易案为例 [J]. 管理世界（6）：45-56.
沈满洪，何灵巧，2004. 黑河流域新旧“均水制”的比较 [J]. 人民黄河，26（2）：27-28.
史恒通，赵敏娟，2015. 基于选择试验模型的生态系统服务支付意愿差异及全价值评估——以渭河流域为例 [J]. 资源科学，37（2）：351-359.
石敏俊，王磊，王晓君，2011. 黑河分水后张掖市水资源供需格局变化及驱动因素 [J]. 资源科学，33（8）：1489-1497.
石敏俊，王涛，2005. 中国生态脆弱带人地关系行为机制模型及应用 [J]. 地理学报，60（1）：165-174.
粟晓玲，2007. 石羊河流域面向生态的水资源合理配置理论与模型研究 [D]. 杨凌：西北农林科技大学.
孙博，段伟，丁慧敏，等，2017. 基于选择实验法的湿地保护区农户生态补偿偏好分析——以陕西汉中朱鹮国家级自然保护区周边社区为例 [J]. 资源科学，39（9）：1792-1800.

孙冬营，王慧敏，王圣，2017. 社会选择理论在流域跨界水资源配置冲突决策问题中的应用［J］. 中国人口·资源与环境，27（5）：37-44.

孙冬营，王慧敏，褚钰，2015. 破产理论在解决跨行政区河流水资源配置冲突中的应用［J］. 中国人口·资源与环境，25（7）：148-153.

孙久文，原倩，2014. 我国区域政策的“泛化”、困境摆脱及其新方位找寻［J］. 改革（4）：80-87.

孙新章，谢高地，张其仔，等，2006. 中国生态补偿的实践及其政策取向［J］. 资源科学，28（4）：25-30.

孙自永，马瑞，周爱国，等，2003. 中国西北地区内陆河流域面向生态环境的水资源开发模式研究［J］. 干旱区资源与环境，17（1）：28-31.

宋春晓，马恒运，黄季焜，等，2014. 气候变化和农户适应性对小麦灌溉效率影响——基于中东部5省小麦主产区的实证研究［J］. 农业技术经济（2）：4-16.

宋健峰，王玉宝，吴普特，2017. 灌溉用水反弹效应研究综述［J］. 水科学进展，28（3）：452-461.

宋欣，2016. 基于生态系统服务价值的郑州市城郊农业生态补偿体系研究［D］. 郑州：河南农业大学.

唐增，徐中民，2008. 条件价值评估法介绍［J］. 开发研究（1）：74-77.

唐增，徐中民，武翠芳，等，2010. 生态补偿标准的确定——最小数据法及其在民勤的应用［J］. 冰川冻土（5）：188-192.

田贵良，周慧，2016. 我国水资源市场化配置环境下水权交易监管制度研究［J］. 价格理论与实践（7）：57-60.

童昌华，马秋燕，魏昌华，2003. 水资源管理与可持续发展［J］. 水土保持学报，17（6）：98-101.

佟金萍，马剑锋，王慧敏，等，2014. 农业用水效率与技术进步：基于中国农业面板数据的实证研究［J］. 资源科学，36（9）：1765-1772.

王兵，唐文狮，吴延瑞，等，2014. 城镇化提高中国绿色发展效率了吗？［J］. 经济评论（4）：38-49.

王昌海，崔丽娟，毛旭锋，等，2012. 湿地保护区周边农户生态补偿意愿比较［J］. 生态学报，32（17）：5345-5354.

王浩，游进军，2016. 中国水资源配置30年［J］. 水利学报，47（3）：19-25，36.

王军锋，侯超波，2013. 中国流域生态补偿机制实施框架与补偿模式研究——基于补偿资金来源的视角［J］. 中国人口·资源与环境，23（2）：23-29.

王金霞，黄季焜，2002. 国外水权交易的经验及对中国的启示［J］. 农业技术经济（5）：56-62.

王录仓，陈菲，2018. 石羊河流域综合治理灌区水效率变化研究［J］. 生态学报，38

(10)：3692-3704.
王双英，2012. 农业水资源非农化利用及利益补偿机制研究 [D]. 杭州：浙江大学.
汪霞，2012. 干旱区绿洲农田土壤重金属污染生态补偿机制研究 [D]. 兰州：兰州大学.
韦惠兰，祁应军，2017. 基于CVM的牧户对减畜政策的受偿意愿分析 [J]. 干旱区资源与环境，31 (3)：45-50.
魏伟，石培基，周俊菊，等，2014. 基于GIS的石羊河流域可持续发展能力评估 [J]. 地域研究与开发，33 (6)：170-174.
王晓娟，李周，2005. 灌溉技术效率及影响因素分析 [J]. 中国农村经济 (7)：11-18.
王晓君，石敏俊，王磊，2013. 干旱缺水地区缓解水危机的途径：水资源需求管理的政策效应 [J]. 自然资源学报，28 (7)：1117-1129.
王新艳，2005. 北京市居民对京津风沙源治理工程环境价值的支付意愿研究 [D]. 北京：中国农业大学.
魏同洋，2015. 生态系统服务价值评估技术比较研究 [D]. 北京：中国农业大学.
吴枚烜，2017. 黑河流域生态系统服务的居民偏好异质性研究 [D]. 杨凌：西北农林科技大学.
吴乐，靳乐山，2018. 贫困地区生态补偿对农户生计的影响研究——基于贵州省三县的实证分析 [J]. 干旱区资源与环境，32 (8)：4-10.
夏莲，石晓平，冯淑怡，等，2013. 农业产业化背景下农户水资源利用效率影响因素分析——基于甘肃省民乐县的实证分析 [J]. 中国人口·资源与环境，23 (12)：111-118.
肖生春，肖洪浪，2004. 近百年来人类活动对黑河流域水环境的影响 [J]. 干旱区资源与环境，18 (3)：57-62.
肖生春，肖洪浪，蓝永超，等，2011. 近50a来黑河流域水资源问题与流域集成管理 [J]. 中国沙漠，31 (2)：529-535.
肖生春，肖洪浪，米丽娜，等，2017. 国家黑河流域综合治理工程生态成效科学评估 [J]. 中国科学院院刊，32 (1)：45-54.
谢高地，鲁春霞，成升魁，2001. 全球生态系统服务价值评估研究进展 [J]. 资源科学，23 (6)：2-9.
谢高地，鲁春霞，冷允法，等，2003. 青藏高原生态资产的价值评估 [J]. 自然资源学报，18 (2)：189-196.
谢高地，张彩霞，张昌顺，等，2015. 中国生态系统服务的价值 [J]. 资源科学，37 (9)：1740-1746.
熊凯，2015. 基于生态系统服务功能和农户意愿的鄱阳湖湿地生态补偿标准研究 [D]. 南昌：江西财经大学.
熊鹰，王克林，蓝万炼，等，2004. 洞庭湖区湿地恢复的生态补偿效应评估 [J]. 地理学报（5）：772-780.

许朗，黄莺，2012. 农业灌溉技术效率及其影响因素分析——基于安徽省蒙城县的实地调查［J］. 资源科学，34（1）：105-113.

许丽忠，杨净，钟满秀，等，2012. 应用后续确定性问题校正条件价值评估——以福建省鼓山风景名胜区非使用价值评估为例［J］. 自然资源学报，27（10）：1778-1787.

许罗丹，黄安平，2014. 水环境改善的非市场价值评估：基于西江流域居民条件价值调查的实证分析［J］. 中国农村经济（2）：69-81，91.

许庆，刘进，钱有飞，2017. 劳动力流动、农地确权与农地流转［J］. 农业技术经济（5）：6-18.

徐涛，2018. 节水灌溉技术补贴政策研究：全成本收益与农户偏好［D］. 杨凌：西北农林科技大学.

徐涛，赵敏娟，乔丹，2018. 内陆河生态系统恢复效益评估——以黑河流域为例［J］. 南京农业大学学报（社会科学版），18（4）：132-141，165.

杨开忠，白墨，李莹，等，2002. 关于意愿调查价值评估法在我国环境领域应用的可行性探讨——以北京市居民支付意愿研究为例［J］. 地球科学进展（3）：420-425.

么相姝，金如委，侯光辉，2017. 基于双边界二分式 CVM 的天津七里海湿地农户生态补偿意愿研究［J］. 生态与农村环境学报（5）：14-20.

姚兆余，2004. 清代西北地区农业开发与农牧业经济结构的变迁［J］. 南京农业大学学报（社会科学版），4（2）：75-82.

杨肖，钟方雷，郭爱君，2017. 绿洲农户生产效率差异评价及改进策略——以张掖市制种玉米为例［J］. 干旱区地理，40（4）：913-919.

叶锐，2012. 水资源再配置模式研究［D］. 西安：西北大学.

应力文，刘燕，戴星翼，等，2014. 国内外流域管理体制综述［J］. 中国人口·资源与环境，24（S1）：175-179.

尤南山，蒙吉军，2017. 基于生态敏感性和生态系统服务的黑河中游生态功能区划与生态系统管理［J］. 中国沙漠，37（1）：186-197.

余亮亮，蔡银莺，2015. 生态功能区域农田生态补偿的农户受偿意愿分析——以湖北省麻城市为例［J］. 经济地理，35（1）：134-140.

查爱苹，邱洁威，2016. 条件价值法评估旅游资源游憩价值的效度检验——以杭州西湖风景名胜区为例［J］. 人文地理，31（1）：154-160.

张彪，史芸婷，李庆旭，等，2017. 北京湿地生态系统重要服务功能及其价值评估［J］. 自然资源学报，32（8）：1311-1324.

张方圆，赵雪雁，2014. 基于农户感知的生态补偿效应分析——以黑河中游张掖市为例［J］. 中国生态农业学报，22（3）：217-224.

张婕，钱卿，李柯，2019.《黑河流域管理条例》立法刍议［J］. 人民黄河，41（7）：42-

47.
张林秀，1996. 农户经济学基本理论概述［J］. 农业技术经济（3）：24-30.
张宁宁，粟晓玲，周云哲，等，2019. 黄河流域水资源承载力评价［J］. 自然资源学报，34（8）：1759-1770.
张晓敏，张秉云，陈晓宇，等，2017. 我国主要牧区牧业生产效率及影响因素研究——基于DEA-CLAD的两阶段模型［J］. 中国农业大学学报，22（4）：171-178.
张益丰，2008. 海洋捕捞业与海洋生物多样性的持续有效发展——基于海洋生物经济学模型的分析［J］. 水生态学杂志，1（5）：129-133.
张志强，徐中民，程国栋，等，2002. 黑河流域张掖地区生态系统服务恢复的条件价值评估［J］. 生态学报（6）：885-893.
张志强，徐中民，龙爱华，等，2004. 黑河流域张掖市生态系统服务恢复价值评估研究——连续型和离散型条件价值评估方法的比较应用［J］. 自然资源学报，19（2）：230-239.
赵连阁，王学渊，2010. 农户灌溉用水的效率差异——基于甘肃、内蒙古两个典型灌区实地调查的比较分析［J］. 农业经济问题，（3）：71-78.
赵苗苗，赵海凤，李仁强，等，2017. 青海省1998—2012年草地生态系统服务功能价值评估［J］. 自然资源学报，32（3）：418-433.
赵锐锋，王福红，张丽华，等，2017. 黑河中游地区耕地景观演变及社会经济驱动力分析［J］. 地理科学，37（6）：920-928.
赵学涛，石敏俊，马国霞，2008. 初始水权与内陆河流域水资源分配利益格局调整——以石羊河流域为例［J］. 资源科学（8）：1147-1154.
郑华，吴常信，2007. 用生物经济模型对我国不同类型猪场的模拟研究——模型的构建和初步结果［J］. 畜牧兽医学报，38（4）：337-343.
钟方雷，郭爱君，王康，等，2016. 水资源CGE模型的构建及其应用［J］. 中国人口·资源与环境，26（S2）：194-197.
钟方雷，杨肖，郭爱君，2017. 基于LCA和DEA法相结合的干旱区绿洲农业生态经济效率研究——以张掖市制种玉米为例［J］. 生态经济，33（11）：122-127.
钟方雷，徐中民，窪田顺平，等，2014. 黑河流域分水政策制度变迁分析［J］. 水利经济（5）：37-42.
周晨，丁晓辉，李国平，等，2015. 流域生态补偿中的农户受偿意愿研究——以南水北调中线工程陕南水源区为例［J］. 中国土地科学，29（8）：63-72.
周晨，李国平，2015. 农户生态服务供给的受偿意愿及影响因素研究——基于陕南水源区406农户的调查［J］. 经济科学（5）：107-117.
周立华，樊胜岳，王涛，2005. 黑河流域生态经济系统分析与耦合发展模式［J］. 干旱区资源与环境，19（5）：67-72.

参 考 文 献

周晟吕，李月寒，胡静，等，2018. 基于问卷调查的上海市大气环境质量改善的支付意愿研究 [J]. 长江流域资源与环境，27 (11)：2419 - 2424.

朱会义，李义，2011. 西北干旱区耕地扩张原因的实证分析 [J]. 地理科学进展，30 (5)：615 - 620.

庄大昌，2004. 洞庭湖湿地生态系统服务功能价值评估 [J]. 经济地理，24 (3)：391 - 394.

Adamowski J，Chan H F，2011. A wavelet neural network conjunction model for groundwater level forecasting [J]. Journal of Hydrology，407 (1 - 4)：28 - 40.

Alemayehu F，Taha N，Nyssen J，et al.，2009. The impacts of watershed management on land use and land cover dynamics in Eastern Tigray (Ethiopia) [J]. Resources，Conservation and Recycling，53 (4)：192 - 198.

Bailey R G，2004. Identifying ecoregion boundaries [J]. Environmental Management，34 (S1)：S14 - S26.

Bailey R G，Zoltai S C，Wiken E B，1985. Ecological regionalization in Canada and the United States [J]. Geoforum，16 (3)：265 - 275.

Bateman I J，Carson R T，Day B，et al.，2002. Economic valuation with stated preference techniques：A manual [M]. London：Edward Elgar.

Benjamin H，Char M，2020. Watershed politics：Groundwater management and resource conservation in Southern California's Pomona Valley [J]. Journal of Urban History，46 (1)，50 - 62.

Bennett R M，Blaney R J P，2015. Estimating the benefits of farm animal welfare legislation using the contingent valuation method [J]. Agricultural Economics，29 (1)：85 - 98.

Berbel J，Gutiérrez - Martín C，Rodríguez - Díaz J A，et al.，2015. Literature review on rebound effect of water saving measures and analysis of a Spanish case study [J]. Water Resources Management，29 (3)：663 - 678.

Berbel J，Mateos L，2014. Does investment in irrigation technology necessarily generate rebound effects? A simulation analysis based on an agro - economic model [J]. Agricultural Systems，128 (2)：25 - 34.

Binswanger M，2004. Technological progress and sustainable development：What about the rebound effect? [J]. Ecological Economics，36 (1)：119 - 132.

Bishop R C，Heberlein T A，1979. Measuring values of extramarket goods：Are indirect measures biased? [J]. American Journal of Agricultural Economics，61 (5)：926 - 930.

Borghi J，Jan S，2008. Measuring the benefits of health promotion programmes：Application of the contingent valuation method [J]. Health Policy，87 (2)：236 - 248.

Brookes L，2000. Energy efficiency fallacies revisited [J]. Energy Policy，28 (6-7)：355-366.

Cai X M，McKinney，Daene C，et al.，2003. Sustainability analysis for irrigation water management in the Aral Sea region [J]. Agricultural Systems，76 (3)：1043-1066.

Carson R T，Flores N E，Meade N F，2001. Contingent valuation：Controversies and evidence [J]. Environmental & Resource Economics，19 (2)：173-210.

Chambers R G，Färe R，2004. Using dominance in forming bounds on DEA models：The case of experimental agricultural data [J]. Journal of Econometrics，85 (1)：189-203.

Charnes A，Cooper W W，Rhodes E，1978. Measuring the efficiency of decision making units [J]. European Journal of Operational Research，2 (6)：429-444.

Chavas J P，Petrie R，Roth M，2005. Farm household production efficiency：Evidence from the Gambia [J]. American Journal of Agricultural Economics，87 (1)：160-179.

Cheng G，Li X，Zhao W，et al.，2014. Integrated study of the water-ecosystem-economy in the Heihe River Basin [J]. National Science Review，1 (3)：413-428.

Choongki L，Mjelde J W，Taekyun K，2013. Estimating the effects of different admission fees on revenues for a mega-event using a contingent valuation method [J]. Tourism Economics，19 (1)：147-159.

Chowdary V M，Ramakrishnan D，Srivastava Y K，et al.，2009. Integrated water resource development plan for sustainable management of Mayurakshi Watershed，India using remote sensing and GIS [J]. Water Resources Management，23 (8)：1581-1602.

Contor B A，Taylor R G，2013. Why improving irrigation efficiency increases total volume of consumptive use [J]. Irrigation & Drainage，62 (3)：273-280.

Costanza R，D'Arge R，Groot R D，et al.，1997. The value of the world's ecosystem services and natural capital [J]. World Environment，25 (1)：3-15.

Cooper W W，Park K S，Yu G，1999. IDEA and AR-IDEA：Models for dealing with imprecise data in DEA [J]. Management Science，45 (4)：597-607.

Coventry D R，Poswal R S，Yadav A，et al.，2015. A comparison of farming practices and performance for wheat production in Haryana，India [J]. Agricultural Systems，137：139-153.

Dagnino M，Ward F A，2012. Economics of agricultural water conservation：Empirical analysis and policy implications [J]. International Journal of Water Resources Development，28 (4)：577-600.

Deng J，Sun P S，Zhao F Z，et al.，2016. Analysis of the ecological conservation behavior of farmers in payment for ecosystem service programs in eco-environmentally fragile areas using social psychology models [J]. Science of The Total Environment, 550: 382 - 390.

Dhungana B R, Nuthall P L, Nartea G V, 2004. Measuring the economic inefficiency of Nepalese rice farms using data envelopment analysis [J]. Australian Journal of Agricultural & Resource Economics, 48 (2): 347 - 369.

Dhehibi B, Lachaal L, Elloumi M, et al., 2007. Measuring irrigation water use efficiency using stochastic production frontier: An application on citrus producing farms in Tunisia [J]. African Journal of Agricultural & Resource Economics, 1 (2): 1 - 15.

Dumont A, Mayor B, López - Gunn E, 2013. Is the rebound effect or Jevons paradox a useful concept for better management of water resources? Insights from the irrigation modernisation process in Spain [J]. Aquatic Procedia, 1: 64 - 76.

EFTEC, 1998. Valuing preferences for changes in water abstraction from the River Ouse [R]. Bradford: Yorkshire Water Services Ltd.

FAO, 2011. The state of the world's land and water resources for food and agriculture: Managing systems at risk [R]. Rome: Food and Agriculture Organization of the United Nations.

Färe R, Grosskopf S, Lovell C A K, 1994. Production frontiers [M]. London: Cambridge University Press.

Farrell M J, 1957. The measurement of productive efficiency [J]. Journal of the Royal Statistical Society, 120 (3): 253 - 290.

Feng D, Liang L, Wu W, et al., 2018. Factors influencing willingness to accept in the Paddy Land - to - Dry Land program based on contingent value method [J]. Journal of Cleaner Production, 183: 392 - 402.

Feng Q, Miao Z, Li Z X, et al., 2015. Public perception of an ecological rehabilitation project in inland river basins in Northern China: Success or failure [J]. Environmental Research, 139: 20 - 30.

Fishman R, Devineni N, Raman S, 2015. Can improved agricultural water use efficiency save India's groundwater? [J]. Environmental Research Letters, 2015, 10 (8): 1 - 11.

Fleming E, Milne M, 2003. Bioeconomic modelling of the production and export of cocoa for price policy analysis in Papua New Guinea [J]. Agricultural Systems, 76 (2): 483 - 505.

Frija A, Chebil A, Speelman S, et al., 2009. Water use and technical efficiency in horticultural greenhouses in Tunisia [J]. Agricultural Water Management, 96 (11): 1509 - 1516.

Gabel V M, Home R, Stolze M, et al., 2018. The influence of on - farm advice on beliefs and motivations for Swiss lowland farmers to implement ecological compensation areas on their farms [J]. The Journal of Agricultural Education and Extension, 1: 1 - 16.

García I F, Díaz J A R, Poyato E C, et al., 2014. Effects of modernization and medium term perspectives on water and energy use in irrigation districts [J]. Agricultural Systems, 131: 56 - 63.

Gómez C M, Pérez - Blanco C D, 2015. Simple myths and basic maths about greening irrigation [J]. Water Resources Management, 28 (12): 4035 - 4044.

Gu J J, Huang G H, Guo P, et al., 2013. Interval multistage joint - probabilistic integer programming approach for water resources allocation and management [J]. Journal of Environmental Management, 128: 615 - 624.

Haji J, 2007. Production efficiency of smallholders' vegetable - dominated mixed farming system in Eastern Ethiopia: A non - parametric approach [J]. Social Science Electronic Publishing, 16 (1): 1 - 27.

Hammitt J K, Graham J D, 1999. Willingness to pay for health protection: Inadequate sensitivity to probability? [J]. Journal of Risk and Uncertainty, 18 (1): 33 - 62.

Hanemann M, Loomis J, Kanninen B, 1991. Statistical efficiency of double - bounded dichotomous choice contingent valuation [J]. American Journal of Agricultural Economics, 73 (4): 1255 - 1263.

Henocque Y, Andral B, 2003. The french approach to managing water resources in the mediterranean and the new European Water Framework Directive [J]. Marine Pollution Bulletin, 47 (1 - 6): 155 - 161.

Hipel K W, 1992. Multiple objective decision making in water resources [J]. Journal of the American Water Resources Association, 28 (1): 187 - 203.

Home R, Balmer O, Jahrl I, et al., 2014. Motivations for implementation of ecological compensation areas on Swiss farms [J]. Journal of Rural Studies, 34 (2): 26 - 36.

Huang Q, Wang J, Li Y, 2017. Do water saving technologies save water? Empirical evidence from North China [J]. Journal of Environmental Economics & Management, 82: 1 - 16.

Huffaker R, Whittlesey N, 2015. The allocative efficiency and conservation potential of water laws encouraging investments in on - farm irrigation technology [J]. Agricultural Economics, 24 (1): 47 - 60.

Janssen S, Van Ittersum M K, 2007. Assessing farm innovations and responses to policy: A review of bio - economic farm models [J]. Agricultural Systems, 94 (3), 622 - 636.

Jevons W S, 1866. The coal question: Can Britain survive? [M]. London: Macmillan.

Jin J, He R, Gong H, et al., 2017. Farmers' risk preferences in Rural China: Measurements and determinants [J]. International Journal of Environmental Research & Public Health, 14 (7): 713.

Karagiannis G, Tzouvelekas V, Xepapadeas A, 2003. Measuring irrigation water efficiency with a stochastic production frontier [J]. Environmental & Resource Economics, 26 (1): 57 - 72.

Khan S U, Khan I, Zhao M, et al., 2019. Spatial heterogeneity of ecosystem services: A distance decay approach to quantify willingness to pay for improvements in Heihe River Basin ecosystems [J]. Environmental Science and Pollution Research, 26: 25247 - 25261.

Kharrazi A, Akiyama T, Yu Y, et al., 2016. Evaluating the evolution of the Heihe River Basin using the ecological network analysis: Efficiency, resilience, and implications for water resource management policy [J]. Science of The Total Environment, 572: 688 - 696.

Khazzoom J D, 1980. The incorporation of new technologies in energy supply estimation [M]. London: Springer.

King R P, Lybecker D W, Regmi A, et al., 1993. Bioeconomic models of crop production systems: Design, development, and use [J]. Review of Agricultural Economics, 15 (2): 391 - 401.

Kinsey J, 1985. Measuring the well - being of farm households: Farm, off - farm, and in - kind sources of income: Discussion [J]. American Journal of Agricultural Economics, 67 (5): 1105 - 1108.

Koopmans T C, 1951. Analysis of production as an efficient combination of activities [J]. Analysis of Production & Allocation, 158 (1): 33 - 97.

Kruseman G, Bade J, 1998. Agrarian policy for sustainable land use: Bio - economic modelling to assess the effectiveness of policy instruments [J]. Agricultural Systems, 58 (3), 465 - 481.

Lansink A O, Silva E, 2004. Non - parametric production analysis of pesticides use in the Netherlands [J]. Journal of Productivity Analysis, 21 (1): 49 - 65.

Leibenstein H, 1966. Allocative efficiency vs. X - Efficiency [J]. American Economic Review, 56 (3): 392 - 415.

Lee C K, Lee J H, Mjelde J W, et al., 2010. Assessing the economic value of a public birdwatching interpretative service using a contingent valuation method [J]. International Journal of Tourism Research, 11 (6): 583 - 593.

Lienhoop N, Macmillan D, 2007. Valuing wilderness in Iceland: Estimation of WTA and WTP using the market stall approach to contingent valuation [J]. Land Use Policy, 24 (1): 289 - 295.

Li G F，Zhou D Y，Shi M J，2019. How do farmers respond to water resources management policy in the Heihe River Basin of China? [J] Sustainability，11 (4)：1 - 19.

Li H，Zhao J，2016. Rebound effect of irrigation technologies? The role of water rights [C]. Boston：Agricultural and Applied Economics Association.

Li H，Zhao J，2018. Rebound effects of new irrigation technologies：The role of water rights [J]. American Journal of Agricultural Economics，100 (3)：786 - 808.

Li N，Wang X，Shi M，et al.，2015. Economic impacts of total water use control in the Heihe River Basin in Northwestern China—An integrated CGE - BEM modeling approach [J]. Sustainability，7 (3)：3460 - 3478.

Liu M C，Liu W W，Yang L，et al.，2019. A dynamic eco - compensation standard for Hani Rice Terraces System in Southwest China [J]. Ecosystem Services，36：100897.

Loch A，Adamson D，2015. Drought and the rebound effect：A Murray - Darling Basin example [J]. Natural Hazards，79 (3)：1429 - 1449.

Loucks D P，2013. Sustainable water resources management [J]. Water International，25 (1)：3 - 10.

Lu W C，Ma Y X，Bergmann H，2014. Technological options to ameliorate waste treatment of intensive pig production in China：An analysis based on bio - economic model [J]. Journal of Integrative Agriculture，13 (2)：443 - 454.

Lu Z，Wei Y，Xiao H，et al.，2015. Trade - offs between midstream agricultural production and downstream ecological sustainability in the Heihe River basin in the past half century [J]. Agricultural Water Management，152：233 - 242.

Mbengue M M，2014. A model for African shared water resources：The Senegal River legal system [J]. Review of European Comparative & International Environmental Law，23 (1)：59 - 66.

McGuckin J T，Gollehon N，Ghosh S，1992. Water conservation in irrigated agriculture：A stochastic production frontier model [J]. Water Resources Research，28 (2)：305 - 312.

McGlade J，Werner B，Young M，et al.，2012. Measuring water use in a green economy，a report of the working group on water efficiency to the international resource panel [J]. Unep，18 (18)：654 - 663.

Mjelde J W，2007. Valuation of ecotourism resources using a contingent valuation method：The case of the Korean DMZ [J]. Ecological Economics，63 (2)：511 - 520.

Moros L，Vélez M A，Corbera E，2019. Payments for ecosystem services and motivational crowding in Colombia's Amazon Piedmont [J]. Ecological Economics (156)：468 - 488.

Njiraini G W，Guthiga P M，2013. Are small - scale irrigators water use efficient? Evidence from Lake Naivasha Basin，Kenya [J]. Environmental Management，52 (5)：1192 -

1201.

Omernik J M，2003. The misuse of hydrologic unit maps for extrapolation，reporting and ecosystem management [J]. Journal of the American Water Resources Association，39 (3)：563－573.

Omezzine A，Zaibet L，1998. Management of modern irrigation systems in oman：Allocative vs. irrigation efficiency [J]. Agricultural Water Management，37 (2)：99－107.

Perkins P E，2011. Public participation in watershed management：International practices for inclusiveness [J]. Physics & Chemistry of the Earth Parts，36 (5－6)：200－212.

Perry C，Steduto P，Karajeh F，2017. Does improved irrigation technology save water? A review of the evidence [R]. FAO，Cairo，Egypt.

Pfeiffer L，Lin C Y C，2014. Does efficient irrigation technology lead to reduced groundwater extraction? Empirical evidence [J]. Journal of Environmental Economics & Management，67 (2)：189－208.

Pfeiffer L，Lin C Y C，2014. The effects of energy prices on agricultural groundwater extraction from the high plains aquifer [J]. American Journal of Agricultural Economics，96 (5)：1349－1362.

Raju K S，Kumar D N，2006. Ranking irrigation planning alternatives uising data envelopment analysis [J]. Water Resources Management，20 (4)：553－566.

Reig－MartíNez E，Picazo－Tadeo A J，2004. Analysing farming systems with data envelopment analysis：Citrus farming in Spain [J]. Agricultural Systems，82 (1)：17－30.

Ressurrei O A，Gibbons J，Kaiser M，et al.，2012. Different cultures，different values：The role of cultural variation in public's WTP for marine species conservation [J]. Biological Conservation，145 (1)：148－159.

Rodríguez－Díaz J A，Camacho－Poyato E，López－Luque R，2004. Application of data envelopment analysis to studies of irrigation efficiency in Andalusia [J]. Journal of Irrigation & Drainage Engineering，130 (3)：175－183.

Sankhayan P L，Gurung N，Sitaula B K，et al.，2003. Bio－economic modeling of land use and forest degradation at watershed level in Nepal [J]. Agriculture Ecosystems & Environment，94 (1)：105－116.

Savic D A，Walters G A，1997. Genetic algorithms for least－cost design of water distribution networks [J]. Journal of Water Resources Planning and Management，123 (2)：67－77.

Scheierling S M，Young R A，Cardon G E，2006. Public subsidies for water－conserving irrigation investments：Hydrologic，agronomic，and economic assessment [J]. Water Resources Research，42 (3)：446－455.

Schlueter M, Savitsky A G, Mckinney D C, et al., 2005. Optimizing long-term water allocation in the Amudarya River delta: A water management model for ecological impact assessment [J]. Environmental Modelling & Software, 20 (5): 529-545.

Schuler J, Sattler C, 2006. The estimation of agricultural policy effects on soil erosion—An application for the bio-economic model MODAM [J]. Land Use Policy, 19 (3): 61-69.

Scott C A, Vicuña S, Blancogutiérrez I, et al., 2014. Irrigation efficiency and water-policy implications for river basin resilience [J]. Hydrology & Earth System Sciences, 18 (18): 1339-1348.

Shang W, Gong Y, Wang Z, et al., 2018. Eco-compensation in China: Theory, practices and suggestions for the future [J]. Journal of Environmental Management, 210: 162-170.

Shi M, 1996. Development of the storeyed polyculture in China: A case study on the upland areas of North China [D]. Tsukuba: University of Tsukuba.

Shi M, Zhang Q, Wang T, 2005. Better access to new technologies and credit service, farmers' land use decision, and policy for poverty alleviation and rangeland conservation [J]. Japan Agricultural Research Quarterly, 39 (3): 181-190.

Shi Z H, Ai L, Fang N F, et al., 2012. Modeling the impacts of integrated small watershed management on soil erosion and sediment delivery: A case study in the Three Gorges Area, China [J]. Journal of Hydrology, 438: 156-167.

Simpson S N, Hanna B G, 2010. Willingness to pay for a clear night sky: Use of the contingent valuation method [J]. Applied Economics Letters, 17 (11): 1095-1103.

Singh I, Srivastava D, Gupta Y P, et al., 1972. Impact of population growth on farm household incomes in Daryapur Kalan Village of the UNIUN territory of Delhi [J]. Sociologia Ruralis, 12 (3-4): 450-457.

Speelman S, D'Haese M, Buysse J, et al., 2008. A measure for the efficiency of water use and its determinants, a case study of small-scale irrigation schemes in North-West Province, South Africa [J]. Agricultural Systems, 98 (1): 31-39.

Tan Q, Huang G, Cai Y, et al., 2016. A non-probabilistic programming approach enabling risk-aversion analysis for supporting sustainable watershed development [J]. Journal of Cleaner Production, 112 (5): 4771-4788.

Thiam A, Bravoureta B E, Rivas T E, 2001. Technical efficiency in developing country agriculture: A meta-analysis [M]. Agricultural Economics.

Tisdell J G, 2001. The environmental impact of water markets: An Australian case-study [J]. Journal of Environmental Management, 62 (1): 113-120.

Varis O, Lahtela V, 2002. Integrated water resources management along the Senegal River: Introducing an analytical framework [J]. International Journal of Water Resources Development, 18 (4): 501 - 521.

Venkatachalam L, 2004. The contingent valuation method: A review [J]. Environmental Impact Assessment Review, 24 (1): 89 - 124.

Vignola R, Koellner T, Scholz R W, et al., 2010. Decision - making by farmers regarding ecosystem services: Factors affecting soil conservation efforts in Costa Rica [J]. Land Use Policy, 27 (4): 1132 - 1142.

Voltaire L, 2017. Pricing future nature reserves through contingent valuation data [J]. Ecological Economics, 135: 66 - 75.

Wagner W, 2002. Sustainable watershed management: An international multi - watershed case study [J]. Ambio, 31 (1): 2 - 13.

Wang L J, Meng W, Guo H C, 2006. An interval fuzzy multiobjective watershed management model for the Lake Qionghai watershed, China [J]. Water Resources Management, 20 (5): 701 - 721.

Wang X, Yang H, Shi M, et al., 2015. Managing stakeholders conflicts for water reallocation from agriculture to industry in the Heihe River Basin in Northwest China [J]. Science of The Total Environment, 505: 823 - 832.

Wang X Y, 2010. Irrigation water use efficiency of farmers and its determinants: Evidence from a survey in northwestern China [J]. Journal of Integrative Agriculture, 9 (9): 1326 - 1337.

Wang X, Yang H, Shi M, et al., 2015. Managing stakeholders' conflicts for water reallocation from agriculture to industry in the Heihe River Basin in Northwest China [J]. Science of the Total Environment, 505: 823 - 832.

Ward F A, Pulidovelazquez M, 2008. Water conservation in irrigation can increase water use [J]. Proceedings of the National Academy of Sciences of the United States of America, 105 (47): 18215 - 18220.

Woo J R, Lim S, Lee Y G, et al., 2018. Financial feasibility and social acceptance for reducing nuclear power plants: A contingent valuation study [J]. Sustainability, 10: 4 - 29.

Wu F, Zhang Q, Gao X, 2018. Does water - saving technology reduce water use in economic systems? A rebound effect in Zhangye city in the Heihe River Basin, China [J]. Water Policy (20): 355 - 368.

Wu L Z, Bai T, Huang Q, 2020. Tradeoff analysis between economic and ecological benefits of the inter basin water transfer project under changing environment and its operation rules

[J]. Journal of Cleaner Production，248 (1)：119294.

Yoo S H，Kwak S Y，2009. Willingness to pay for green electricity in Korea：A contingent valuation study [J]. Energy Policy，37 (12)：5408 - 5416.

Zhang C L，Robinson D，Wang J，et al.，2011. Factors influencing farmers' willingness to participate in the conversion of cultivated land to wetland program in Sanjiang National Nature Reserve，China [J]. Environmental Management，47：107 - 120.

Zhang H，Liu G，Wang J，et al.，2007. Policy and practice progress of watershed eco - compensation in China [J]. Chinese Geographical Science，17 (2)：179 - 185.

Zhang M，Wang S，Fu B，et al.，2018. Ecological effects and potential risks of the water diversion project in the Heihe River Basin [J]. Science of The Total Environment，620：794 - 803.

Zhang Y L，Lu Y Y，Zhou Q，et al.，2020. Optimal water allocation scheme based on trade - offs between economic and ecological water demands in the Heihe River Basin of Northwest China [J]. Science of the Total Environment，703 (10)：134958.

Zhou D，Wang X，Shi M，2017. Human driving forces of oasis expansion in northwestern China during the last decade—A case study of the Heihe River Basin [J]. Land Degradation & Development，28 (2)：412 - 420.

Zhu X P，Zhang C，Yin J X，et al.，2014. Optimization of water diversion based on reservoir operating rules：Analysis of the Biliu River Reservoir，China [J]. Journal of Horologic Engineering，19 (2)：411 - 421.

Zhu Y H，Chen Y N，Ren L L，et al.，2016. Ecosystem restoration and conservation in the arid inland river basins of Northwest China：Problems and strategies [J]. Ecological Engineering，94：629 - 637.

附录1　黑河中游典型灌区农户农牧业生产与投入、家庭消费情况调查

1. 农户基本信息

（1）家庭基本信息

户主姓名		民族	___族	家庭人口数（人）		劳动力（人）	
#农业劳动力（人）		#兼业劳动力（人）		#非农业劳动力（人）		耕地（亩）	
地块（块）		土地流转（打√）	流入/流出	土地流转面积（亩）		土地流转费用（元/亩）	
林地（亩）		林地类型	防护林/经济林	退耕还林（亩）		退耕还林补贴方式	
大棚（个）		大棚1面积（平方米）		大棚2面积（平方米）		大棚3面积（平方米）	
借贷款（元/年）		借贷款来源		贷款利息（%）		贷款用途	
补贴		补贴种类1		补贴金额（元/年）		补贴方式	
		补贴种类2		补贴金额（元/年）		补贴方式	
		补贴种类3		补贴金额（元/年）		补贴方式	
		补贴种类4		补贴金额（元/年）		补贴方式	
		补贴种类5		补贴金额（元/年）		补贴方式	
		补贴种类6		补贴金额（元/年）		补贴方式	
		补贴种类7		补贴金额（元/年）		补贴方式	
		补贴种类8		补贴金额（元/年）		补贴方式	
		补贴种类9		补贴金额（元/年）		补贴方式	
		补贴种类10		补贴金额（元/年）		补贴方式	
		补贴种类11		补贴金额（元/年）		补贴方式	

（2）家庭成员基本信息

家庭成员基本信息

家庭成员	年龄	职业					文化程度	务工工种	总收入（元/年）	务工时间（月）	形式
		完全农业	农业+季节性外出打工	完全打工	自营业	其他	不识字/小学/中学/大学			填入下表	
		完全农业	农业+季节性外出打工	完全打工	自营业	其他	不识字/小学/中学/大学				
		完全农业	农业+季节性外出打工	完全打工	自营业	其他	不识字/小学/中学/大学				
		完全农业	农业+季节性外出打工	完全打工	自营业	其他	不识字/小学/中学/大学				
		完全农业	农业+季节性外出打工	完全打工	自营业	其他	不识字/小学/中学/大学				
		完全农业	农业+季节性外出打工	完全打工	自营业	其他	不识字/小学/中学/大学				
		完全农业	农业+季节性外出打工	完全打工	自营业	其他	不识字/小学/中学/大学				

务工时间与务工形式

家庭成员	1月		2月		3月		4月		5月		6月		7月		8月		9月		10月		11月		12月	
		0/1		0/1		0/1		0/1		0/1		0/1		0/1		0/1		0/1		0/1		0/1		0/1
		0/1		0/1		0/1		0/1		0/1		0/1		0/1		0/1		0/1		0/1		0/1		0/1
		0/1		0/1		0/1		0/1		0/1		0/1		0/1		0/1		0/1		0/1		0/1		0/1
		0/1		0/1		0/1		0/1		0/1		0/1		0/1		0/1		0/1		0/1		0/1		0/1
		0/1		0/1		0/1		0/1		0/1		0/1		0/1		0/1		0/1		0/1		0/1		0/1
		0/1		0/1		0/1		0/1		0/1		0/1		0/1		0/1		0/1		0/1		0/1		0/1
		0/1		0/1		0/1		0/1		0/1		0/1		0/1		0/1		0/1		0/1		0/1		0/1

注：0 表示不出去务工，1 表示出去务工。

2. 农户种植业生产投入情况

地块编号	是否为开垦的耕地	到水源的距离（千米）	土地质量	开垦前后土地利用形式	作物类型	种植面积（亩）	灌溉水（立方米/亩）	种子（元/亩）	化肥（元/亩）	农药（元/亩）	地膜（元/亩）	机械（元/亩）	劳动力（天/亩）	产量（斤/亩）	出售/自给	单价（元/斤）	种植方式	是否面临市场风险
	是/否		好/坏															
	是/否		好/坏															
	是/否		好/坏															
	是/否		好/坏															
	是/否		好/坏															
	是/否		好/坏															
	是/否		好/坏															
	是/否		好/坏															

3. 农户畜牧业生产投入情况

（1）畜牧业产出

家畜	2014 年年初存栏头数		2013 年出栏头数		出栏价格（元/头）		自己宰杀食用（头）	繁殖头数（头）	购买幼畜		毛/绒	
	幼畜	成年	幼畜	成年	幼畜	成年			头数	价格（元/头）	量（斤）	价格（元/斤）
羊												
牛												
猪												
驴												

（2）畜牧业投入

如果羊喂的是精饲料，精饲料的构成：玉米/麸皮/豆粕/钙粉/其他________

家畜	精饲料（或饲料玉米）				粗饲料（作物秸秆）				麦麸				其他饲料______				专用饲料（精料）			其他饲草				劳动时间投入（小时/天）
	需求（斤）	自给（斤）	购买		需求（斤）	自给（斤）	购买		需求（斤）	自给（斤）	购买		需求（斤）	自给（斤）	购买		需求（斤）	购买		需求（斤）	自给（斤）	购买		
			数量（斤）	价格（元/斤）			数量（斤）	价格（元/斤）			数量（斤）	价格（元/斤）			数量（斤）	价格（元/斤）		数量（斤）	价格（元/斤）			数量（斤）	价格（元/斤）	
羊																								
牛																								
猪																								
驴																								

4. 农户家庭消费情况

消费品	使用量（斤）	自给量（斤）	购买		
			购买量（斤）	价格（元/斤）	共花费（元）
小麦					
面粉					
大米					
玉米					
蔬菜					
食用油					
肉类					
煤					
生活用电					
饮用水					
灌溉电费					
农用机械耗油（只填最后一列）					

注：所有的统计都是以家庭为消费单位的；蔬菜和肉难以统计出准确的消费数量和价格，可统计一年用于购买蔬菜和肉的总花费；煤的量单位为吨，价格单位为元/吨；生活用电量单位为度（千瓦时），价格单位为元/度；饮用水量单位为吨或人，价格单位为元/吨或元/人，请标明单位；灌溉电费请有机井的农户填写，灌溉电费量单位为度，价格单位为元/度。

附录 2　黑河中游绿洲边缘区转移灌溉用水的农户受偿意愿调查问卷

第一部分　家庭基本情况

1. 家庭基本信息

户主姓名		年龄（岁）		受教育年限（年）		家庭人口数（人）	
劳动力（人）		#农业劳动力（人）		#兼业劳动力（人）		#非农劳动力（人）	
农业收入（元/年）		非农业收入（元/年）		家庭年均总支出（元）		是否采用节水灌溉技术（打√）	是/否
耕地面积（亩）		地块数（块）		开垦面积（亩）		开垦成本（元/亩）	
补贴情况		补贴种类 1		补贴金额（元/年）		补贴方式	
		补贴种类 2		补贴金额（元/年）		补贴方式	
		补贴种类 3		补贴金额（元/年）		补贴方式	
		补贴种类 4		补贴金额（元/年）		补贴方式	
是否满意目前的补贴政策		非常不满意　不满意　一般　满意　非常满意					

2. 土地利用和作物投入产出情况

地块编号	是否为开垦的耕地	到水源的距离（千米）	土地质量	开垦前后土地利用形式	作物类型	种植面积（亩）	灌溉水（立方米/亩）	种子（元/亩）	化肥（元/亩）	农药（元/亩）	地膜（元/亩）	机械（元/亩）	劳动力（天/亩）	产量（斤/亩）	出售/自给	单价（元/斤）	种植方式	是否面临市场风险
	是/否		好/坏															
	是/否		好/坏															
	是/否		好/坏															
	是/否		好/坏															
	是/否		好/坏															
	是/否		好/坏															
	是/否		好/坏															

第二部分　绿洲边缘区农户生态保护意识调查

（1）您有开垦土地的行为吗？

A 有　　　　B 没有

（2）如果有盈余的灌溉用水您会继续开垦耕地吗？

A 会　　　　B 不会　　　　C 不确定

回答 A 转第 4 题，回答 B、C 请回答第 3 题

（3）在第二题中，您回答“不会”或“不确定”，那您会利用盈余的水做什么？

A 增加高耗水、高收益作物种植面积

B 与缺水农户进行水权交易

C 转移给生态环境保护部门

D 看情况（请说明）________________

（4）您认为将盈余灌溉用水用于开垦耕地是否挤占了环境用水？

A 是　　　　B 否　　　　C 不清楚

（5）所在地区的土地盐碱化和沙漠化对您生产和生活的影响严重吗？

A 非常严重　　B 严重　　　　C 一般　　　　D 不严重　　　　E 没影响

（6）所在地区的地下水位下降对您生产和生活的影响严重吗？

A 非常严重　　B 严重　　　　C 一般　　　　D 不严重　　　　E 没影响

（7）所在地区的生态湿地退化、植被枯死对您生产和生活的影响严重吗？

A 非常严重　　B 严重　　　　C 一般　　　　D 不严重　　　　E 没影响

（8）所在地区的风沙天气对您生产和生活的影响严重吗？

A 非常严重　　B 严重　　　　C 一般　　　　D 不严重　　　　E 没影响

（9）您认为将盈余的灌溉用水转移到生态部门会改善生态环境吗？

A 会　　　　B 不会　　　　C 不清楚

（10）您认为缩减耕地开垦面积会改善生态环境吗？

A 会　　　　B 不会　　　　C 不清楚

（11）您认为转移灌溉用水对缩减耕地开垦面积的作用明显吗？

A 非常明显　　B 明显　　　　C 一般　　　　D 不明显　　　　E 没作用

（12）您认为以下哪些途径也可以改善生态环境？（多选）

A 政府完善水资源管理政策　B 转移农村剩余劳动力

C 调整农业种植结构　　　　D 通过培训提高农民生产技能

E 其他________

（13）如果政府给予您一定的补偿，您愿意将盈余的灌溉用水用于保护生态环境吗？

A 愿意　　　B 不愿意　　　C 不清楚

回答 A 转第 15 题，回答 B、C 转第 14 题

（14）您选择“不愿意”或“不知道”的主要原因是？

A 转移灌溉用水会降低作物产量，减少家庭收入

B 认为环境治理是政府的事情，与自己无关

C 愿意保护环境，但更希望以其他方式来保护

D 担心政府或相关部门不会按照规定履行补偿政策

E 其他________________________________

第三部分　基于 CVM 的农户转移灌溉用水的受偿意愿

（15）如果将制种玉米的亩均用水量的 35%转移给生态部门，到 2030 年，灌区盐碱地面积可以降低 15%、风沙天气由目前的每年 44 天降低到 30 天、生态林面积不减少，政府以货币形式给予您每年每亩________元的生态补偿，您能接受吗？

A 接受　　　B 不接受　　　C 不知道

回答 A 转第 16 题，回答 B、C 转第 17 题

（16）在问题 15 中，您回答能接受，若转移的制种玉米灌溉水量不变，政府生态补偿金额下降到每年每亩________元，您能接受吗？

A 接受　　　B 不接受　　　C 不知道

（17）在问题 15 中，您回答不接受或不知道，若转移的制种玉米灌溉水量不变，政府生态补偿金额提高至每年每亩________元，您能接受吗？

A 接受　　　B 不接受　　　C 不知道

（18）如果将大田玉米的亩均用水量的 38%转移给生态部门，到 2030 年，灌区盐碱地面积可以降低 15%、风沙天气由目前的每年 44 天降低到 30 天、生态林面积不减少，政府以货币形式给予您每年每亩________元的生态补偿，您能接受吗？

A 接受　　　B 不接受　　　C 不知道

回答 A 转第 19 题，回答 B、C 转第 20 题

（19）在问题 18 中，您回答能接受，若转移的大田玉米灌溉水量不变，政

府生态补偿金额下降到每年每亩________元，您能接受吗？

A 接受　　　B 不接受　　　C 不知道

（20）在问题18中，您回答不接受或不知道，若转移的大田玉米灌溉水量不变，政府生态补偿金额提高至每年每亩________元，您能接受吗？

A 接受　　　B 不接受　　　C 不知道

（21）如果将制种西瓜的亩均用水量的35%转移给生态部门，到2030年，灌区盐碱地面积可以降低15%、风沙天气由目前的每年44天降低到30天、生态林面积不减少，政府以货币形式给予您每年每亩________元的生态补偿，您能接受吗？

A 接受　　　B 不接受　　　C 不知道

回答A转第22题，回答B、C转第23题

（22）在问题21中，您回答能接受，若转移的制种西瓜灌溉水量不变，政府生态补偿金额下降到每年每亩________元，您能接受吗？

A 接受　　　B 不接受　　　C 不知道

（23）在问题21中，您回答不接受或不知道，若转移的制种西瓜灌溉水量不变，政府生态补偿金额提高至每年每亩________元，您能接受吗？

A 接受　　　B 不接受　　　C 不知道

（24）假如以货币形式进行补偿，您希望以哪种形式获得？（可多选）

A 现金　　　B 农业补贴　　C 养老补贴

D 教育补贴　E 小额贷款　　F 其他________

（25）假如以其他方式进行补偿，您更倾向于选择哪些补偿方式？（可多选）

A 实物补贴　　　　　　　　B 技术补贴

C 非农就业机会　　　　　　D 其他________

后记 POSTSCRIPT

本书得到了河南农业大学经济与管理学院与河南农业大学高层次人才专项支持基金（30500968）、河南省软科学研究计划项目（232400410106）、教育部人文社会科学研究青年项目（20YJCZH118）、河南省教育厅人文社会科学研究项目（2022-ZZJH-279）等基金项目的大力支持，在此表示感谢。

感谢所有接受访谈的农户，感谢张掖市甘州区、临泽县、高台县、民乐县、山丹县、肃南县的相关政府部门的大力支持，使笔者能够顺利获得本书所需的重要数据材料。

感谢石敏俊教授、周丁扬副教授、马栋栋副教授、王晓君博士、陶卫春博士、李晓、苏珊、仲艾芬以及河西学院的买春海、黄旭升等教师和学生在本书写作和数据搜集过程中给予的指导和贡献。

同时，也感谢中国农业出版社潘洪洋老师为本书出版所做的细致工作。

本书参考了大量的文献，个别资料在文中没有一一注明，在此对所有文献的作者表示衷心的感谢！